"十三五"国家重点图书出版规划项目
中国工程院重大咨询项目

# 三峡工程建设
# 第三方独立评估

# 综合报告

中国工程院三峡工程建设第三方独立评估项目组　编著

中国水利水电出版社
www.waterpub.com.cn
·北京·

## 内 容 提 要

"三峡工程建设第三方独立评估"是国务院三峡工程建设委员会委托中国工程院开展的重大咨询项目。本书作为该项评估工作研究成果的综合报告，归纳总结了三峡工程有关水文与调度、泥沙、地质灾害、地震、生态影响、环境影响、枢纽建筑、航运、电力系统、机电设备、移民以及社会经济效益等 12 个评估课题的主要评估意见，提出了综合评估结论。

全书回顾总结了三峡工程建设的基本经验，科学分析了三峡工程试验性蓄水运行实践，结合我国经济社会发展的新形势以及全球气候变化等新情况，对三峡工程论证及可行性研究中的结论和工程综合效益及相关影响等重大问题进行了科学、客观、公正的评价，回应了近年来社会公众对三峡工程所关心的问题，并总结经验、深化认识，提出了"兴利减弊"的今后工作建议。

本书对大型水利水电项目建设以及相关部门决策具有重要参考价值，也可供有关科研人员和高等院校相关专业师生参考使用。

## 图书在版编目（CIP）数据

三峡工程建设第三方独立评估综合报告 / 中国工程院三峡工程建设第三方独立评估项目组编著. -- 北京：中国水利水电出版社，2020.12
中国工程院重大咨询项目
ISBN 978-7-5170-9361-9

Ⅰ．①三… Ⅱ．①中… Ⅲ．①三峡水利工程－评估－研究报告 Ⅳ．①TV632.719

中国版本图书馆CIP数据核字(2021)第044950号

审图号：GS（2020）2685 号

| 书　　名 | 中国工程院重大咨询项目：三峡工程建设第三方独立评估综合报告<br>ZHONGGUO GONGCHENGYUAN ZHONGDA ZIXUN XIANGMU:<br>SANXIA GONGCHENG JIANSHE DISANFANG DULI PINGGU<br>ZONGHE BAOGAO |
|---|---|
| 作　　者 | 中国工程院三峡工程建设第三方独立评估项目组　编著 |
| 出版发行 | 中国水利水电出版社<br>（北京市海淀区玉渊潭南路 1 号 D 座　100038）<br>网址：www. waterpub. com. cn<br>E - mail：sales@waterpub. com. cn<br>电话：（010）68367658（营销中心） |
| 经　　售 | 北京科水图书销售中心（零售）<br>电话：（010）88383994、63202643、68545874<br>全国各地新华书店和相关出版物销售网点 |
| 排　　版 | 中国水利水电出版社微机排版中心 |
| 印　　刷 | 北京印匠彩色印刷有限公司 |
| 规　　格 | 184mm×260mm　16 开本　14 印张　259 千字 |
| 版　　次 | 2020 年 12 月第 1 版　2020 年 12 月第 1 次印刷 |
| 印　　数 | 0001—1500 册 |
| 定　　价 | **180.00 元** |

　　2013 年 12 月，为了配合三峡工程的竣工验收，国务院三峡工程建设委员会正式委托中国工程院在"三峡工程论证及可行性研究结论的阶段性评估"和"三峡工程试验性蓄水阶段评估"的基础上，组织开展对三峡工程建设整体的第三方独立评估工作，全面总结三峡工程建设的成功经验，科学评价三峡工程的综合效益，准确分析三峡工程的相关影响，并提出有关建议。

　　中国工程院对此高度重视，经研究，成立了由钱正英院士、徐匡迪院士为评估项目顾问，周济院长任组长，王玉普原副院长、徐德龙副院长、刘旭副院长、沈国舫原副院长、国家自然科学基金委员会原主任陈宜瑜院士任副组长的评估项目领导小组，全面组织领导评估工作。成立了沈国舫原副院长任组长的评估项目专家组，并成立了评估项目办公室，负责具体协调和管理工作。根据评估工作需要，中国工程院邀请了相关专业领域有造诣的 44 位院士和 300 多位专家参加评估工作，其中中国科学院院士 9 位，中国工程院院士 35 位。根据评估要求，分设水文与调度、泥沙、地质灾害、地震、生态影响、环境影响、枢纽建筑、航运、电力系统、机电设备、移民、社会经济效益等 12 个评估课题组，分别负责相关专业领域的评估工作。

　　在各相关部门、科研机构和有关专家的大力支持下，经过近两年的紧张工作，项目组在实地考察与调研、认真分析相关历史文献、研究工程建设实际情况和相关资料、广泛听取意见的基础上，形成了 12 个评估课题报告；在评估成果的基础上，专家组经过反复交流与研讨，多次修改和完善，形成了项目综合评估报告征求意见稿，并于 2015 年 5 月广泛征求了相关单位的意见。根据各单位的反馈意见，专家组对评估报告作了进一步修改和完善，最终形成了本报告。

本着科学认真、实事求是的精神，评估报告不仅对三峡工程建设和试验性蓄水给予了充分肯定，认真总结了三峡工程建设的基本经验，而且还提出了工程今后在长期正常运用中需要关注的问题和建议。评估结论认为：三峡工程规模宏大，效益显著，影响深远，利多弊少。三峡工程的兴建，贯彻了科学论证、科学决策、科学建设和科学管理；三峡工程的建成，除工程本身的巨大效益外，还促进了科技进步和自主创新能力的提升，带动了区域经济和多个行业的发展，更重要的是培养和造就了一大批优秀的工程科技人才和工程管理人才，为未来的建设和发展奠定了坚实的基础，对我国经济社会的发展具有重要的战略意义。

本报告汇集了"三峡工程建设第三方独立评估"项目综合报告和 12 个评估课题简要报告，是项目评估成果的综合集成，凝聚了参与项目评估工作院士和专家的智慧、心血与汗水。项目组希望借此书的出版，向关心、参与三峡工程建设的各界人士表示敬意！

三峡工程是一项巨大的综合性工程，其运行的效益和影响需要一个较长的过程才能充分显现，本次评估工作难免还有疏漏和不够准确之处。希望有关省（直辖市）、部门和单位在工程正式投运后，按照中央有关精神，建立健全各项管理制度，加强科学观测和研究，协调好江河湖泊、上中下游、干流支流关系，保护和改善流域生态服务功能，推动流域绿色循环低碳发展，使三峡工程的"利"拓展到最大，而将其"弊"降低到最小，为实现中华民族伟大复兴的中国梦作出尽可能大的贡献。

**中国工程院三峡工程建设第三方独立评估项目组**

2015 年 12 月

前言

# 综 合 报 告

# 课 题 简 要 报 告

# 综合报告

ZONGHE BAOGAO

# 引　言

三峡工程是治理长江和开发利用长江水资源的关键性骨干工程，具有防洪、发电、航运和供水等巨大的社会和经济综合效益，是当今世界上规模最大的水利枢纽工程，也是一项功在当代、利在千秋的民生工程。

建设三峡工程是中华民族的百年梦想，其规划与论证经历了漫长而曲折的历史过程。1949年新中国成立后，三峡工程进入了全面研究、详细勘察、规划论证的新阶段。经过几代人的探索和努力，在大量研究和论证工作的基础上，于1986—1989年完成了三峡工程决策前的可行性论证工作。1992年4月3日，第七届全国人民代表大会第五次会议审议通过了《关于兴建长江三峡工程的决议》。1993年1月，国务院决定成立国务院三峡工程建设委员会（以下简称"三峡建委"）。1993年7月，三峡建委批准了《长江三峡水利枢纽初步设计报告（枢纽工程）》。从此，三峡工程进入了建设阶段。

三峡工程于1993年开始施工准备，1994年12月14日正式动工兴建，1997年实现大江截流，2003年水库水位蓄至135m，工程开始发挥发电、航运效益；2006年比初步设计进度提前一年进入156m水位初期运行期；经三峡建委批准，水库于2008年汛后开始实施正常蓄水位175m试验性蓄水，其中2010—2014年连续5年蓄水至正常蓄水位175m，三峡工程开始全面发挥综合效益。

2008年2月，三峡建委委托中国工程院开展"三峡工程论证及可行性研究结论的阶段性评估"工作。2009年7月，中国工程院完成了《三峡工程论证及可行性研究结论的阶段性评估报告》。综合评估认为：三峡工程在1986—1989年的论证工作与可行性研究时作出的"建比不建好，早建比晚建有利"的总结论，推荐的水库正常蓄水位175m及"一级开发，一次建成，分期蓄水，连续移民"的建设方案，为党中央、国务院和全国人民代表大会的决策提供了科学依据，并经受了工程建设和初期运行、试验性蓄水运行的实践检验。实践证明，三峡工程的论证工作与可行性研究的总结论和建设方案是完全正确的。

2012年11月，三峡建委委托中国工程院开展"三峡工程试验性蓄水阶段评估"工作。2013年5月，中国工程院完成了《三峡工程试验性蓄水阶段评估报告》。阶段评估认为：三峡工程在2008—2012年正常蓄水位175m试验性蓄水期间，开展了大量的监测、试验、考核和研究工作，各项成果充分表明，水库的调度方式取得了宝贵经验并已基本成熟，枢纽工程和输变电工程运行正常，生态环境受到一定影响但总体可控，水库地震最大震级低于预期并渐趋平稳，库区地质灾害发生频次趋缓且防治有效，泥沙问题及其影响未超出设计预期，移民安置经受了水库蓄水和自然灾害考验，库区和移民安置区社会总体稳定，工程的综合效益充分发挥并有所拓展，表明三峡工程已具备转入正常运行期的条件。

2013年8月28日，三峡建委召开第十八次全体会议，同意开展三峡工程整体竣工验收。根据十一届全国人民代表大会财政经济委员会意见，国务院向全国人民代表大会或全国人民代表大会常务委员会报告三峡工程整体竣工验收结论时，需同时提供三峡工程整体竣工验收报告、竣工决算审计报告和第三方独立评估报告。

2013年12月，三峡建委委托中国工程院开展"三峡工程建设第三方独立评估"工作，要求在"三峡工程论证及可行性研究结论的阶段性评估"和"三峡工程试验性蓄水阶段评估"的基础上，组织开展对三峡工程建设的整体评估工作，全面总结三峡工程建设的成功经验，科学评价三峡工程的综合效益，准确分析三峡工程的相关影响，并提出有关建议。

中国工程院高度重视，成立了由周济（院长）任组长，王玉普（原副院长）、徐德龙（副院长）、刘旭（副院长）、沈国舫（原副院长）、陈宜瑜（国家自然科学基金委员会原主任）任副组长的评估项目领导小组，钱正英院士、徐匡迪院士为评估项目顾问，全面组织领导评估工作。成立了沈国舫原副院长任组长的评估项目专家组，并成立了评估项目办公室，负责具体协调和管理工作。根据评估工作需要，中国工程院邀请了相关专业领域有造诣的300多位专家参加评估工作，其中，中国科学院院士9位，中国工程院院士35位。根据评估要求，分设水文与调度、泥沙、地质灾害、地震、生态影响、环境影响、枢纽建筑、航运、电力系统、机电设备、移民、社会经济效益等12个评估课题组，分别负责相关专业领域的评估工作。

2014年1月21日，中国工程院召开了项目评估预备会，提出了项目建议书和各课题组的工作要求。5月16日，召开了评估启动会，确定了项目评估的实施方案和工作进度，强调独立评估应坚持科学、客观、公正的原则，做到报告框架清晰，结构严谨，经验总结要全面有深度，回应社会关切应客观准确，有关建议要科学可行。会议明确本次评估的主要依据是三峡建委批准的

《长江三峡水利枢纽初步设计报告（枢纽工程）》和有关批示、文件，评估报告的有关统计数据除特别注明外，均截至 2013 年 12 月底。

为做好评估工作，评估项目专家组和评估项目各课题组分别召开了多次会议，部署评估工作，研究有关事宜。各课题组通过查阅建设、运行、设计单位和有关部委、地方政府以及有关部门提供的各类报告和相关资料，认真研究、系统分析和充分讨论，并进行了实地调研和考察，开展了专题研究，走访有关单位，听取各方面的意见和建议。相关的课题组还详细查阅了国务院三峡枢纽工程质量检查专家组的历年质量检查报告和审计署对三峡工程竣工财务决算的审计公告，并特别关注社会持不同观点的专家、学者和公众的意见，开展独立评估工作。

2014 年 12 月 8 日，召开了项目组工作会议，对评估项目各课题组的评估报告初稿进行审议，确定了评估综合报告的编写内容。在此基础上，评估项目专家组起草了评估综合报告。

2015 年 1 月、3 月和 5 月，先后召开了 3 次评估综合报告汇报会，就评估综合报告的主要内容向中国工程院领导、各位评审专家以及有关部门作了汇报，充分听取各方意见和建议并进行了认真讨论。会后，根据各方意见补充修改并再次征求有关部门的意见，经进一步修改完善后正式定稿，形成了本报告。

# 第 一 章

# 三峡工程建设与运行概况

长江是我国第一大河，流域面积达 180 万 $km^2$，养育着全国 1/3 的人口，创造了约占全国 40% 的国内生产总值，在我国经济社会发展中占有极其重要的地位。

自古以来，长江中下游地区，特别是江汉平原地区水患频发，成为制约经济社会发展、影响人民安居乐业的心腹之患。驾驭洪水、治水兴邦，成为沿江人民的千年企盼和不懈追求，是中华民族的百年梦想。

三峡工程的坝址位于湖北省宜昌市三斗坪，控制流域面积约 100 万 $km^2$，占长江总流域面积的 55.6%，多年平均年径流量 4510 亿 $m^3$，约占长江年径流总量的 47%。三峡工程第一位的任务是防洪，它是长江中下游防洪体系中的龙头和关键性工程，具有不可替代的作用。

1919 年孙中山先生在《建国方略》之《实业计划》中提出修建三峡大坝的设想后，三峡工程就成为中国人孜孜以求的梦想。20 世纪 40 年代，当时的国民政府和美国垦务局合作，对三峡工程曾做过一些初步的勘测和设计工作。

1949 年新中国成立后，三峡工程进入了详细勘察、全面研究和规划论证的新阶段。1950 年，国务院成立了长江水利委员会。1956 年 10 月，国务院批准长江水利委员会更名为长江流域规划办公室，开始对长江流域进行系统的规划工作。1956 年 6 月，毛泽东主席在武汉畅游长江后，写下了"更立西江石壁，截断巫山云雨，高峡出平湖"的壮丽诗篇，奏响了兴建三峡工程的新乐章。

1958 年 1 月、3 月和 4 月，在中共中央南宁会议、中共中央成都会议和中共中央政治局会议上先后都把三峡工程的兴建列入了会议的议程，并通过了《中共中央关于三峡水利枢纽和长江流域规划的意见》。1958 年 4 月，国家科学技术委员会和中国科学院成立了三峡枢纽科学技术研究工作领导小组，全国有 360 多个单位参加了三峡工程科研工作，历时 3 年，累计完成科研报告

1376 篇，为三峡工程论证提供了有力的科学依据。

几代党和国家领导人都十分关心三峡工程，注重听取各方面的不同意见和建议，特别是重视质疑和反对意见。经过反复比较和论证，20 世纪 70 年代初，决定先建设与三峡工程配套的葛洲坝水利枢纽，以解决华中地区的缺电问题，并为三峡工程作实战准备。

1983 年，随着葛洲坝工程的顺利建设，三峡工程的兴建提上议事日程。邓小平同志指示由国家计划委员会负责，集中大批专家对三峡工程的设计方案进行审查。当时推荐方案的水库正常蓄水位为 150m，后重庆市委、市政府建议抬高正常蓄水位至 180m，以增加通航效益，少数政协委员也提出不同意见。为慎重决策，1986 年，党中央和国务院下达了《关于长江三峡工程论证工作有关问题的通知》（中发〔1986〕15 号），责成原水利电力部组织各方面专家，在广泛征求意见、深入研究论证的基础上，重新提出三峡工程的可行性报告供中央决策。

1986 年，原水利电力部根据中央的指示，组织了 412 位专家，聘请了 21 位特邀顾问，划分 10 个专题，成立了 14 个专家组，对三峡工程进行重新论证。专家组从 1986 年至 1989 年，历时 3 年，对三峡工程的综合规划与水位、防洪、水文、泥沙、地质地震、生态与环境、航运、枢纽建筑物、施工、机电设备、电力系统、移民及投资估算与综合经济评价等问题进行了详细的重新论证。论证中充分发扬民主，特别是充分尊重、听取和吸纳不同的意见和建议。同时，国家科学技术委员会（1998 年更名为科学技术部）为配合论证，组织全国 300 多个单位，对 45 个专题进行科技攻关，取得了 400 多项科研成果。

1989 年，长江水利委员会根据论证成果重新编制了三峡工程可行性研究报告，并于 1991 年 8 月通过了国务院三峡工程审查委员会的审查。1992 年 1 月，国务院第 95 次常务会议讨论了国务院三峡工程审查委员会的审查意见，原则上同意建设三峡工程，并提请党中央和全国人民代表大会审议。

1992 年 4 月 3 日，第七届全国人民代表大会第五次会议审议通过了《关于兴建长江三峡工程的决议》。1993 年 1 月，国务院决定成立国务院三峡工程建设委员会，明确三峡建委是三峡工程高层次的决策机构，直接领导三峡工程的建设工作。1993 年 7 月，三峡建委批准了《长江三峡水利枢纽初步设计报告（枢纽工程）》。1993 年 9 月，国务院批准成立中国长江三峡工程开发总公司（现为中国长江三峡集团有限公司，以下简称"三峡集团公司"），作为三峡枢纽工程的项目法人，全面负责三峡枢纽工程的组织实施和所需资金的筹集、使用、偿还以及工程建成后的经营管理；国家电力公司（现国家电网有限公司，以下简称"国家电网公司"）作为项目法人，负责三峡输变电工程建设以及跨区联网的工程管理；三峡建委下设办公室（2001 年年底前为移民开发局）负责三峡工程建设移民工作的组织领导。从此，三峡工程进入了建设阶段。

三峡工程于 1993 年开始施工准备，1994 年 12 月 14 日正式开工。在党中央、国务院的正确领导和全国人民的大力支持下，在三峡建委的直接领导下，经过广大工程建设者、百万库区移民和重庆市、湖北省以及对口支援的有关省（直辖市）各级政府的共同努力，三峡工程建设进展顺利。

2003 年三峡水库水位蓄至 135m，工程开始发挥发电、航运效益；2006 年比初步设计进度提前一年进入 156m 水位初期运行期；2008 年开始实施正常蓄水位 175m 试验性蓄水，其中 2010—2014 年连续 5 年蓄水至正常蓄水位 175m，工程开始全面发挥综合效益。2014 年三峡电站年发电量达 988.19 亿 kW·h，创单座水电站年发电量新的世界纪录；三峡船闸年货运量达到 1.09 亿 t，再次刷新历史最高纪录，是三峡水库蓄水前该河段最高年货运量 1800 万 t 的约 6 倍。

在三峡工程的论证过程中，还得到了国际水电专家的指导和帮助，并开展了广泛的国际合作。如 1955—1960 年，苏联政府派遣专家来华协助长江流域规划和三峡工程研究工作；1980—1984 年，中美两国政府就三峡工程综合利用开发技术开展合作，美方还派遣垦务局专家来华进行技术咨询；1985—1988 年，由加拿大政府提供赠款，加拿大国际项目管理集团长江联营公司编制了《长江三峡水利枢纽可行性研究报告》，世界银行对该报告进行了复核，其结论是："三峡水利枢纽工程是一个解决防洪和改善长江航运的具有吸引力的项目，并将是一个新的重要的水力可再生能源基地。没有一个现实可行的替代方案能对长江中下游起到同等的防洪作用""建议应该早日兴建"。此外，意大利、瑞典、巴西、法国、德国等国家也都先后与三峡工程进行过技术合作。因而可以说，三峡工程是世界瞩目的工程，建设三峡工程不仅是中华民族的百年梦想，也是国际水利电力界同仁的共同愿望。

今天，盛世新景出峡江的壮丽画卷已展现在世人面前。修建三峡工程的百年梦想成真，她不愧是实现中华民族伟大复兴的标志性工程之一。

三峡工程是治理长江和开发利用长江水资源的关键性骨干工程，具有防洪、发电、航运和供水等巨大的社会和经济综合效益，是当今世界上最大的水利枢纽工程。三峡工程包括枢纽工程、移民工程和输变电工程，其中枢纽工程和移民工程为主体工程，输变电工程为配套工程。

## 一、枢纽工程

### （一）工程建设

三峡枢纽工程由拦河大坝、水电站厂房、通航建筑物和茅坪溪防护大坝等建筑物组成。水库正常蓄水位 175m 时，水库全长 667km，水库面积 1084km², 校核洪水位 180.40m 以下的水库总库容为 450.4 亿 m³，正常蓄水位 175m 以下库容为 393.0 亿 m³，145～175m 水位之间的防洪库容为 221.5 亿 m³。

拦河大坝为混凝土重力坝，坝顶高程 185m，坝顶全长 2309.5m，最大坝高 181m。永久泄水建筑物为布置在泄洪坝段的 23 个深孔和 22 个表孔。水电站厂房分为左、右岸两个坝后式厂房，共安装 26 台 700MW 的水轮发电机组，其中，左岸坝后式厂房 14 台，右岸坝后式厂房 12 台，总装机容量为 18200MW。

在初步设计中，三峡右岸预留了后期扩建地下电站的位置，规定地下电站进水口部分先期预建。为充分利用长江水能资源，经三峡建委批准，右岸地下电站于 2005 年 3 月开工建设，共安装 6 台 700MW 的水轮发电机组。为确保电站应急电源的可靠性，2003 年 9 月开始修建左岸地下电源电站，安装 2 台 50MW 的水轮发电机组。为此，三峡电站总装机容量由初步设计的 18200MW 增加至最终规模的 22500MW，设计多年平均年发电量也由 847 亿 kW·h 增加至 882 亿 kW·h。

三峡通航建筑物由双线连续五级船闸和一级垂直升船机两部分组成，船闸闸室有效尺寸 280m×34m×5m（长×宽×槛上最小水深）；升船机承船厢有效尺寸 120m×18m×3.5m（长×宽×水深）。

茅坪溪防护大坝为沥青混凝土心墙土石坝，坝顶高程 185m，坝顶全长 1840m，最大坝高 104m。

三峡工程采用"一级开发，一次建成，分期蓄水，连续移民"的建设方案，初步设计分 3 个阶段施工建设，总工期 17 年。第一阶段为 1993—1997 年，总工期 5 年，主要任务是修建右岸导流明渠和左岸施工期临时船闸，以大江截流为标志；第二阶段为 1998—2003 年，总工期 6 年，主要任务是修建泄洪坝段、左岸大坝、左岸坝后式厂房和双线连续五级船闸，以水库蓄水至 135m、首批机组投产和船闸通航为标志；第三阶段为 2004—2009 年，总工期 6 年，主要任务是修建右岸大坝及右岸坝后式厂房，以全部机组发电和枢纽完建为标志。

三峡工程开工建设以来进展顺利。1997 年 11 月 8 日，成功实现大江截流；2003 年 6 月，水库蓄水至 135m 水位，双线连续五级船闸开始试运行，同年 7 月，首批机组并网发电；2006 年 5 月 20 日，三峡大坝全线达到设计坝顶高程 185m；2008 年 7 月，具备了水库蓄水至 175m 的条件，同年 10 月，三峡电站左右岸坝后式厂房 26 台机组全部并网发电；2007 年 7 月，茅坪溪防护坝与主坝同步建成挡水；电源电站 2 台机组投入运行；2012 年 7 月，地下电站 6 台机组全部并网发电。至此，除批准缓建的升船机项目计划于 2015 年年底建成投入试运行外，三峡枢纽工程建设进度比初步设计确定的计划工期提前一年完成。

（二）枢纽运行

三峡水库蓄水经历了围堰发电期、初期运行期和试验性蓄水期 3 个阶段。2003 年 6 月，三峡水库蓄水至 135m，进入围堰发电期，同年 11 月，水库蓄水至 139m，运行水位为 135～139m，初步具备了枯水期航运补水和汛期应急防洪的功能；2006 年 10 月，水库蓄水至 156m，较初步设计提前 1 年进入初期运行期，运行水位为 144～156m，具备了初期运行期的防洪能力；2008 年，三峡水库开始实施正常蓄水位 175m 试验性蓄水，运行水位为 145～175m，提前 1 年具备了正常运行期的防洪能力。2008 年和 2009 年水库最高蓄水位分别为 172.80m 和 171.43m，2010—2014 年连续 5 年蓄水至 175m。

三峡水库蓄水以来，尤其是 2008 年 175m 试验性蓄水以来，经历了多次大洪水的考验，其中 2010 年和 2012 年汛期，先后两次经受了超过 1998 年最大洪峰流量的考验，经三峡水库拦洪削峰后，使下游荆江河段水位控制在保证水位以下，确保了长江中下游的防洪安全。截至 2013 年年底，三峡水库累计拦洪 24 次，总蓄洪量 873 亿 m³，为长江中下游广大地区防洪减灾发挥了不可替代的作用。

三峡电站自首批机组并网发电以来，截至 2013 年年底，累计发电量 7119.69 亿 kW·h，2014 年年底累计发电量达到 8107.88 亿 kW·h，有效缓解了华东、华中及广东等地区的供电紧张局面，为国民经济发展和减排作出了重大贡献。

三峡水库蓄水以来，库区通航条件大大改善，水路货运量大幅增长，有力地促进了长江黄金水道和长江经济带的跨越式发展。截至 2013 年年底，三峡船闸货运量累计达 6.44 亿 t，2014 年年底累计达到 7.53 亿 t，其中 2011 年货运量突破 1 亿 t，上行货运量达 5534 万 t，提前 19 年实现了船闸单向 5000 万 t/a 的设计通过能力。2014 年货运量达 1.09 亿 t，其中上行货运量 6137 万 t。

三峡水库消落期每年为下游实施补水调度，截至 2013 年年底，累计补水量 904 亿 m³，有效改善了下游枯水期的航运和供水条件。

2003—2013 年，三峡水库年均入库泥沙为 1.86 亿 t，仅为初步设计阶段的 38%，水库泥沙淤积量小于初步设计预测值。2013 年在上游溪洛渡、向家坝水库投入运行后，三峡入库沙量仅为 1.27 亿 t，未来还可能进一步减少。2011 年开始，三峡水库进行了多次水生生态调度试验。2012 年以来，在汛前消落期实施了库尾减淤试验，在汛期实施了沙峰调度试验。

原型监测成果表明，175m 试验性蓄水以来，三峡枢纽建筑物各项监测值均在设计允许范围内，各建筑物工作性态和电站机组运行正常，三峡船闸持续保持了"安全、高效、畅通"运行；库区地震处于工程前期预测的范围之内；近坝库岸整体稳定性较好；库区水质总体稳定，与蓄水前无类别差异，支流水华发生频次较蓄水前期有所下降；坝前漂浮物清理方式不断改进，清漂效率大幅提高，逐步实现了全部打捞上岸的无害化处理。

三峡水库 175m 试验性蓄水以来的调度运行实践表明，三峡工程已具备全面实现初步设计确定的防洪、发电和航运三大功能的条件，并针对蓄水以来出现的新情况和新变化，结合长江中下游地区的防汛、抗旱、供水、压咸等需求，不断研究和优化三峡水库运行调度方式，实施了中小洪水滞洪、汛末提前蓄水、库尾减淤、水生生态、长江口压咸等试验性调度运行，探索进一步挖掘和拓展三峡工程的综合效益。

## 二、移民安置和库区经济社会发展

### （一）移民安置

三峡工程建设的成败在移民。三峡工程移民安置工作坚持开发性移民方针，实行国家扶持、各方支援与自力更生相结合的原则，采取前期补偿、补助与后期生产扶持相结合的方式，使移民的生产、生活达到或者超过原有水平。移民安置实行"统一领导、分省（直辖市）负责、以县为基础"的管理体制和移民任务、移民资金"双包干"责任制。同时，为促进移民搬迁和库区经济社会发展，国家相继出台了一系列移民安置的支持政策。

1985—1992 年，三峡工程移民安置开展试点工作。1993 年移民安置正式开始连续实施。1997 年 11 月完成 90m 高程以下移民搬迁安置并通过验收，满足了枢纽工程大江截流需要。2003 年 4 月完成 90～135m 高程之间移民搬迁安置并通过验收，满足了 135m 蓄水、通航和围堰挡水发电需要。2006 年 8 月完成 135～156m 高程之间移民搬迁安置并通过验收，满足了 156m 蓄水需要。2008 年 8 月完成 156～175m 高程之间移民搬迁安置并通过验收，满足了试验性蓄水至 175m 的需要。2009 年 12 月底，初步设计阶段确定的移民安置规划任务如期完成。

截至 2013 年 12 月底，三峡工程建设累计完成三峡库区城乡移民搬迁安置 129.64 万人，其中重庆库区 111.96 万人，湖北库区 17.68 万人。完成农村移民搬迁安置 55.07 万人（含外迁安置 19.62 万人）；县城（城市）迁建 12 座、集镇迁建 106 座，搬迁安置 74.57 万人（含工矿企业搬迁人口）；需要迁（改）

建的 1632 家工矿企业都得到妥善安排；完成文物保护项目 1128 处。移民安置规划确定的滑坡处理、环境保护、防护工程、库底清理等任务已全部完成。

农村移民安置、城（集）镇迁建、工矿企业处理、专业项目迁（复）建、文物保护以及库底清理等都达到或超过了规划标准，实现了移民安置规划目标。移民搬迁后的居住条件、基础设施和公共服务设施明显改善；移民生产安置措施得到落实，生产扶持措施已见成效，移民生活水平逐步提高；城（集）镇迁建实现了跨越式发展，整体面貌焕然一新；专业项目复（改）建不仅全面恢复了原有功能，布局更为合理，而且复（改）建规模和等级也得到了提高，功能和作用已较淹没前有了较大程度的改善，有力保障了移民搬迁安置和库区经济社会发展需要，并经受了 175m 试验性蓄水运行的检验，库区社会总体和谐稳定。

### （二）库区经济社会发展

三峡工程建设及移民安置为库区经济社会发展带来了千载难逢的历史机遇，大大促进了库区经济社会快速发展：一是地区经济总量快速增长，地方财政实力显著增强；二是库区城镇化进程明显加快，城镇规模成倍增长；三是库区综合交通体系、供电能力、电网标准和等级、城乡供水综合生产能力、邮电通信、广播电视等基础设施大幅改善；四是促进库区城乡居民脱贫致富，收入水平逐年提高，生活质量日益改善，库区社会总体稳定；五是库区教育水平不断提升，卫生和文化体育事业蓬勃发展。

但是，要把三峡库区建设成为经济繁荣、社会和谐、环境优美、人民安居乐业的新库区，实现移民全面安稳致富，任务还十分艰巨。

## 三、输变电工程

### （一）工程建设

三峡输变电工程以三峡电站为中心，向华东、华中、南方电网送电，供电范围覆盖湖北、湖南、河南、江西、安徽、江苏、上海、浙江、广东和重庆 10 省（直辖市），是我国电力系统的重要组成部分，有利于国家能源布局调整和"西电东送"等能源战略的实施，在我国电网建设史上具有里程碑意义。

三峡输变电工程包括直流工程 4 项、交流工程 94 项，以及相应的调度自动化类 19 个子项和系统通信类 18 个子项的二次系统项目。其中，500kV 直流输电线路 4913km（折合成单回路长度），直流换流容量 24000MW；500kV 交流输电线路 7280km（折合成单回路长度），交流变电容量 22750MVA。2007年以三峡—荆州双回 500kV 交流线路建成投运为标志，主体工程全部建成投产，总体进度比计划提前 1 年完成。

2010 年配合地下电站机组发电外送，完成葛洲坝—上海直流（葛沪直流）增容改造工作，新增三峡—上海Ⅱ回直流输电工程。

三峡输变电工程以及国家电网公司在各省市配套建设的相关工程于 2011 年分期建成投产后，具备了向华东送电 9000MW（不含葛沪直流）、向广东送电 3000MW 以及向华中送电超过 12900MW 的能力，满足了三峡电站（包括地下电站）32 台机组同时满发时 22500MW 电力"送得出、落得下、用得上"的要求。

（二）运行情况

自 2003 年三峡输变电工程投运至 2013 年年底，三峡电站累计上网电量 7056.91 亿 kW·h，分别向华中电网（含重庆）送电 2920.32 亿 kW·h，向华东电网送电 2775.11 亿 kW·h，向南方电网送电 1361.48 亿 kW·h，对缓解这些地区电力供需紧张矛盾和减排，发挥了十分重要的作用。

工程运行表明，输变电设施运行安全可靠，保障了三峡电力外送安全，直流设施可靠性处于世界先进水平，交流输变电工程可靠性水平高于全国平均水平。

三峡输变电工程促成了以三峡电力系统为核心的全国联网格局，为更大范围内的资源优化配置创造了条件，取得了显著的社会效益、经济效益和环境效益。

## 四、工程概算和投资控制

### （一）工程概算

三峡建委于 1993 年批准了枢纽工程初步设计静态概算，1994—2007 年先后批准和调整了水库移民补偿投资静态概算，1995 年、1997 年和 2002 年先后批准和调整了输变电工程设计静态概算。

三峡建委最终批准的三峡工程设计静态概算为 1352.66 亿元，其中主体工程为 1029.92 亿元（枢纽工程 500.90 亿元、移民工程 529.02 亿元），输变电工程 322.74 亿元（静态概算均以 1993 年 5 月末的价格水平为基准，下同）。

1994 年，三峡集团公司按照三峡主体工程设计静态概算（枢纽工程 500.90 亿元、移民工程 400 亿元），根据当时确定的融资方案，考虑物价和利率等影响因素，经三峡建委第四次全体会议通过，并经国务院第 44 次总理办公会认可，测算的三峡主体工程动态投资为 2039.50 亿元。1998 年，三峡建委以国三峡发办字〔1998〕08 号文核定的三峡输变电工程测算的动态投资为

589.42 亿元（对应的静态投资为 275.32 亿元）。因此，三峡工程在建设初期测算的动态总投资为 2628.92 亿元，在整个建设过程中对于控制投资发挥了良好的作用。

2007 年经三峡建委批准，移民工程的静态投资由 400 亿元调增为 529.02 亿元；本次评估其相应的动态投资测算值为 1065.14 亿元。2002 年经三峡建委批准，输变电工程的静态投资由 275.32 亿元调增为 322.74 亿元，2008 年国家电网公司测算其现价概算为 394.51 亿元，本次评估视同其为动态投资测算值。因此，本次评估得出三峡工程（未含地下电站及其配套输变电工程）的动态总投资测算值为 2723.74 亿元。

鉴于三峡移民工程的特殊性，审计署在对三峡工程竣工财务决算草案的审计中，采取将移民工程实际完成的投资视为动态投资、由枢纽工程承担主体工程全部利息等措施，按照物价和利率等影响因素作进一步测算，确定动态总投资合计为 2485.37 亿元。

### （二）资金筹措

三峡工程建设资金主要来源是国家设立的三峡工程建设基金（以下简称"三峡基金"）。三峡基金自 1993 年开始向全国电力用户征收（除西藏自治区和贫困地区排灌用电外），征收标准从 0.003 元/（kW·h）逐步提高到 0.007 元/（kW·h），后来在华东、华中等三峡送电地区加征 0.006～0.008 元/（kW·h）。另外，三峡基金还包括三峡集团公司所属葛洲坝电站和三峡电站的经营利润（先上缴中央财政后用于工程建设）等。三峡基金征收时段为 1993 年至 2009 年年底。根据审计署 2013 年 6 月 7 日《长江三峡工程竣工财务决算草案审计结果》审计公告，用于三峡工程的三峡基金累计为 1615.87 亿元（截至 2011 年 12 月底到位基金）。

三峡工程其他建设资金来自建设期间三峡电站发电和输变电的收入以及银行贷款、上市融资和债务融资等。

国家设立的三峡基金和实行的多主体、多渠道融资方式，有效地保障了三峡工程建设所需的资金，同时还降低了资金成本。

### （三）投资控制

三峡工程实行"静态控制、动态管理"的投资管理模式，在国内良好的宏观经济环境和国家相关政策支持下，通过采取优化设计、科学管理、科技创新，引入竞争机制，强化施工管理，优化融资方案，以及实行移民资金与任务"双包干"责任制等一系列措施，工程投资得到了有效控制。

经审计署审定的三峡工程竣工决算静态投资为 1352.66 亿元（1993 年 5

月末价格水平、不含地下电站及配套的输变电工程），其中主体工程 1029.92 亿元（枢纽工程 500.90 亿元、移民工程 529.02 亿元）、输变电工程 322.74 亿元。三峡工程竣工决算静态投资与国家批准的静态投资概算一致。

经审计署审定的三峡工程竣工决算总投资为 2072.76 亿元（不含地下电站及配套的输变电工程），其中主体工程决算总投资为 1728.48 亿元（枢纽工程 719.14 亿元、移民工程 856.53 亿元、利息 152.81 亿元），比工程建设初期测算的主体工程动态投资 2039.50 亿元减少了 311.02 亿元；输变电工程决算总投资为 344.28 亿元，比工程建设初期测算的工程动态投资 589.42 亿元减少了 245.14 亿元。三峡工程竣工决算总投资（不含地下电站及配套输变电工程）比工程建设初期测算的工程动态总投资减少了 556.16 亿元；与本次评估测算的最终动态投资相比，减少了 650.98 亿元。

此外，2004 年经三峡建委批准，地下电站设计静态概算为 69.97 亿元（2004 年二季度价格水平），竣工决算总投资为 68.09 亿元；2009—2010 年经三峡建委批准，配套输变电工程设计静态概算为 83.83 亿元（1993 年 5 月末价格水平），竣工决算总投资为 79.32 亿元，均在国家批准概算的控制范围内。

综上所述，三峡工程的枢纽工程、移民工程和输变电工程建设进度均在国家批准的计划工期内，并总体上提前 1 年完成；三峡工程质量符合国家和有关行业的技术标准，满足设计要求；枢纽工程和输变电工程运行正常，移民工程功能发挥正常，库区社会总体和谐稳定；三峡工程静态投资与国家批准的设计概算一致，竣工决算总投资比原先的测算值有较大幅度的减少，工程投资得到了有效控制。

三峡工程已按国家批准的初步设计报告要求，全面发挥了防洪、发电、航运效益，并拓展了补水、生态等综合效益。防洪效益巨大，为长江中下游地区防洪减灾发挥了不可替代的作用，为地区经济和社会发展提供了基础性安全保障；发电效益显著，促进了全国电网互联互通，有效改善了华东、华中及广东等地区的电源结构并缓减了供电紧张局面，为国民经济发展和节能减排作出了重大贡献；库区通航条件大大改善，增加了枯水期下游河道航深，水路货运量大幅增长，有力地促进了长江黄金水道和沿江经济社会的跨越式发展；补水、抗旱、生态等水资源综合利用效益日益显现，对保障我国水安全、支撑国家经济社会可持续发展具有举足轻重的作用。

# 第 二 章

# 三峡工程建设综合评估意见

本次评估采用在各课题评估的基础上再进行综合评估的方法，综合报告分水文、泥沙、地质灾害、地震、生态影响、环境影响、枢纽建筑、航运、电力系统、机电设备、移民安置、水库调度、经济社会效益和财务与国民经济评价叙述各课题的主要评估意见，然后提出综合评估的结论意见。

## 一、水文

三峡工程论证和可行性研究阶段的水文资料系列截至 1985 年，初步设计阶段水文资料系列延长至 1990 年，本次评估将水文资料系列进一步延长至 2013 年，对三峡坝址径流、泥沙、设计洪水的设计成果进行了复核。复核结果表明，水文资料系列延长后水文统计参数总体稳定。

水文资料系列延长后，宜昌站多年平均年径流量由初步设计的 4510 亿 $m^3$ 减少至 4441 亿 $m^3$，减幅为 1.5%。三峡水库投入蓄水运用后的 2003—2013 年，主要受降水偏少影响，多年平均年径流量为 3989 亿 $m^3$，减幅为 11.5%，其中 2006 年为有实测资料以来的最枯年。年内枯水季 1—3 月径流量略有增加，水库蓄水期 9—11 月径流量略有减少，需重视由此可能给水库调度带来的影响。

初步设计阶段预测的入库（寸滩＋武隆）年均输沙量为 4.91 亿 t。蓄水后的 2003 年 6 月至 2013 年年底，实测年均入库泥沙为 1.8627 亿 t，比初设值减少了 62%，来沙减少主要是受上游水库拦沙、水土保持工程减沙、河道采砂和降水减少等多种因素共同作用的影响。入库沙量呈明显减少趋势，有利于减缓水库淤积。

水文系列延长并补充了 1998 年和 2010 年两个洪水典型年后，统计分析表明初步设计采用的 1954 年、1981 年、1982 年三个典型年仍具有代表性，设计洪水特性合理，洪峰及典型时段洪量减少幅度在 4% 以内，按有关设计标准规定，可维持原设计不变。本次评估对三峡水库在试验性蓄水期间已经发挥的防洪功能予以充分肯定，还对 100 年一遇洪水和 1000 年一遇洪水的防洪作用进行了复核，成果表明均满足设计规定的防洪功能要求。

近年来，长江中下游受上游来水持续偏枯，以及三峡水库拦沙后清水下泄挟沙能力增强影响，干流河道普遍发生冲刷，荆江河段枯水期同流量下水位下降显著，洞庭湖、鄱阳湖在三峡水库汛后蓄水期间出流加快，但干流河道中大流量的水位流量关系曲线暂无趋势性变化，今后需通过监测积累资料作进一步分析，关注其长期变化趋势。

目前，长江流域已基本建成覆盖全流域的水文气象信息采集系统，具有一套比较完善的自动测报系统。卫星云图、雷达系统及数值天气预报等的技术发展，为延长预见期提供了技术基础；洪水预报等系统的开发以及各级预报会商机制的完善，为提高水文气象预报的时效性及精度提供了有效保障，进而为三峡—葛洲坝梯级的科学调度提供了技术保障。

## 二、泥沙

泥沙问题是三峡工程的关键技术问题之一。本次评估根据三峡水库蓄水 11 年来（2003—2013 年）的泥沙实测资料与研究成果，对三峡的泥沙问题进行了评价。

三峡工程的可行性论证和初步设计明确三峡水库采用"蓄清排浑"运用方式，即在汛期来沙多时降低水位至汛限水位 145m 排沙，汛后来沙少时蓄水至正常蓄水位 175m 兴利，以达到水库长期使用的目的。在初期蓄水（156m 水位）和试验性蓄水（175m 水位）期间，三峡水库基本遵循了"蓄清排浑"的运用方式，但由于入库泥沙大幅减少，对水库运行调度方案进行了适当调整，实施了中小洪水滞洪调度，使汛期平均水位高于 145m，同时为保证水库蓄满率而提前在汛末开始蓄水，2003—2013 年水库平均排沙比为 24.5%，小于初步设计预测值（30%）。虽然排沙比有所降低，但水库泥沙实际淤积仍小于论证与初步设计预测值。2003—2013 年库区干流累计淤积泥沙 15.31 亿 $m^3$，多年平均年淤积量约为预测值的 40%。淤积主要分布在防洪限制水位 145m 以下，145m 以上有效库容仅损失约 0.68%。随着上游梯级水库陆续兴建，三峡水库的泥沙淤积问题会进一步缓解，水库的大部分有效库容可长期保持。

自三峡水库试验性蓄水以来，常年回水区的航道维护尺度总体上得到显著提升，航运条件大幅度改善；同时，水库大幅度抬高了枯水期消落水位至 155m 以上，使变动回水区的通航条件也有明显改善。重庆主城区河段 2008

年 9 月—2013 年 12 月累计冲刷量为 874.7 万 m³（含河道采砂量），局部淤积虽对部分航段在集中消落期的通航产生一定影响，但通过加强观测、及时疏浚和维护管理，总体影响可控，且未影响重庆洪水位。三峡坝区泥沙淤积、河势变化和引航道水流条件与预测情况基本一致。坝下河床局部冲刷未危及枢纽建筑物安全。蓄水以来通过水库调节增加下泄流量，葛洲坝枢纽下游设计最低通航水位得到保证。

自三峡水库蓄水以来，长江中下游河道冲刷总体呈现自上而下的发展态势，冲刷的速度较快、范围较大，全程冲刷已发展至湖口以下。冲刷主要发生在宜昌至城陵矶河段，该河段的冲刷量在初步设计预测值范围之内。目前坝下游河道河势虽然出现了一定程度的调整，甚至局部河段河势变化较大，但坝下游河道总体河势基本稳定。由于河道冲刷，崩岸比蓄水前有所增多，但大部分仍发生在原有的崩岸段和险工段。水库调节有利于提高坝下游河道枯水期的航道水深，但在汛后水库蓄水期和汛前集中消落期，局部河段会出现一些碍航问题。进入长江口的沙量显著减少，2003—2013 年大通站年均输沙量为 1.43 亿 t，比 2002 年前和 1991—2002 年分别减少了 66.5％和 56％，低于工程论证预期。河口河床冲刷也逐渐显现，但河口"三级分汊，四口入海"的总体格局尚未出现显著变化。鉴于泥沙问题具有不确定性和累积性，今后尚需继续加强泥沙监测和分析研究工作。

## 三、地质灾害

三峡库区地质条件复杂，是地质灾害高发区。历史上曾因山体滑坡崩塌多次阻断长江水道，如 20 世纪 80 年代发生的新滩滑坡和鸡扒子滑坡，造成千年古镇——新滩镇被埋入江底、长江主航道断航 10 余天的重大灾难。三峡枢纽工程建成蓄水后，水位抬升百米，每年水库调度形成 30m 的水位涨落。大幅度的水位变化和城镇就地后靠迁建等人工因素的叠加，扰动了库区的地质环境，地质灾害防治面临巨大挑战。如何确保库区 120 余万移民、百余个城镇和长江航运的地质安全，维护库区社会经济可持续发展，成为关系三峡工程建设成败的重要关键问题之一。

国家将三峡库区列为地质灾害防治重点地区。1992 年设立专项对变形加剧的链子崖危岩和黄腊石滑坡进行了应急治理，成功地消除了严重威胁长江航道和巴东县城安全的巨大灾害隐患。三峡枢纽工程自 1994 年开工建设，特别是 2001 年以来，库区全面加强了地质灾害的防治，组织了雄厚的科技力量对重大地质灾害难题进行联合攻关，创新了地质灾害防治理论与技术方法，建立了系列技术标准，有力地支撑了库区地质安全和移民安置，并推动了地质灾害防治行业的科技进步。同时，汇集了来自全国各地的数百家地质灾害防治专业技术队伍和数千名科技人员，形成产、学、研、用相结合的技术优势，及时开展防治工程的勘查、设计、施工、监测预警工作，如期高质量地完成了 400 多处滑坡崩塌防治、300 余段库岸防护、2874 处高切坡治理等工程项目，确保了 79 座涉水移民城镇的整体地质安全稳定性。

三峡库区成立了国家、省（直辖市）、县（市、区）三级地质灾害防治组织机构和相应的技术支撑机构，形成了覆盖全库区的现代化监测预警网络和综合减灾防灾体系，完成了 650 余处滑坡风险区居民搬迁避让，设立了 3100 多处地质灾害标准化监测点。通过开展地质灾害巡查、勘查、监测预警和应急处置，库区经受住了 2007 年和 2014 年百年罕遇暴雨诱发地质灾害的袭击，成功预报和处置了千将坪、曾家棚、杉树槽等 420 多次滑坡灾（险）情，及时撤离人员近 10 万人。自 2003 年水库蓄水以来，库区未发生因地质灾害造成的人员伤亡，保障了人民生命财产和长江航运的安全。

2008—2013 年的 6 年试验性蓄水运行表明，蓄水引发的库岸滑坡已从 2008 年的 333 次下降到近几年的 10 次以下，且主要分布在长江主航道和支流地段，巴东、巫山、奉节、云阳、万州等主要移民城市和近百座移民城镇库岸稳定，表明由水库蓄水引发的地质灾害，已由高发期向低风险水平的平稳期过渡。

但是，三峡库区引发滑坡灾害的新风险仍不容忽视。首先，随着全球性极端气候异常，三峡库区的暴雨强度和频度还有可能不断增高；其次，三峡库区城镇化快速发展，工程活动明显加剧，人口无序激增，都会影响到地质环境容量和已有的地质稳定性；第三，支流库岸地质勘查程度相对偏低，存在难以准确圈定和预测的新生型突发地质灾害隐患；第四，峡谷区的陡坡地带滑坡崩塌造成的涌浪灾害也不容忽视。这些因素使得库区地质灾害防治的复杂性仍将长期存在。因此，要严格、科学管控库区城镇建设规模和各类工程建设规模，加强地质环境管护和城镇建设用地的适宜性评估，进一步加强地质灾害防治研究机构和专业队伍建设，完善地质灾害防治体制，提高地质灾害监测预警的自动化、标准化和远程化水平，加强地质灾害风险管理，不断提升地质灾害隐患的早期识别和防范能力，继续开展工程治理和避让搬迁，确保库区长期地质安全。

## 四、地震

本次地震评估根据地震台网的监测成果，对三峡大坝的抗震设防烈度和水库蓄水以来的水库地震情况进行了评价。

　　三峡工程坝区、库区及邻近的 10 余个县（市、区），在历史上无破坏性地震记载。1959 年设立工程专用地震台网以来，至蓄水前的 2003 年 5 月止，共记录到 366 次地震事件，最大地震为发生于 1979 年 5 月 21 日秭归龙会观的 $M5.1$ 级地震，表明建库前该地区的地震活动具有频度低、强度小、空间分布零散的特点。长期以来，三峡工程开展了水库引发地震问题的研究工作。2001 年 10 月建成了水库地震监测系统。该系统规模巨大、设备齐全、技术先进，满足水库地震监测要求。

　　三峡水库自 2003 年 6 月蓄水 135m 水位至 2013 年 12 月，工程专用地震台网共记录到三峡工程库首区及邻区（北纬 30°40′～31°20′，东经 109°30′～111°15′）发生的 $M0.0$ 级以上地震 7120 余次，其中小于 $M3.0$ 级的微震和极微震共 7110 余次，占地震总数的 99.86%，说明地震活动以微震和极微震为主，其频度显著高于本地区地震本底。微震和极微震主要分布在库区两岸 10km 范围内，呈密集"成团（带）"分布。其中绝大部分都是库水涌入废弃的矿井和石灰岩岩溶洞穴内，引起矿井、岩溶洞穴塌陷、气爆、局部岩体破裂造成的外成因非构造型地震。地震活动与库水位首次抬升时间对应关系密切，具有明显的水库引发地震特征。蓄水以来发生的 $M4.0$ 级以上地震有 4 次，其中最大为 2013 年 12 月 16 日的巴东县 $M5.1$ 级地震，该地震是库水沿断裂软弱破碎岩体渗透产生浅层应力调整，而导致岩体变形并伴有岩溶塌陷形成的非典型构造型水库地震。由此可见，三峡水库蓄水确实发生了预计可能诱发的水库地震；其易发库段的位置及已发生的最大地震震级都处于前期预测的范围之内；水库蓄水后坝址区遭受的最高影响烈度为 Ⅳ 度，远低于三峡工程大坝抗震设防烈度（Ⅶ度），对三峡工程及其设施的正常安全运行未造成任何影响。

　　三峡工程分期蓄水至 175m 水位以后，库区可能受库水作用影响范围内的地质体的应力场、渗流场和其他的环境条件，已得到了不同程度的调整。随着库水的持续作用，这种影响还会逐步减弱，新的平衡条件将逐步形成。结合世界上水库地震活动的共同规律分析可知，库区地震活动水平可能整体趋于下降，并渐趋平静。在地震活动水平整体趋于下降过程中，还有可能在短期内出现相对增高的波动变化，然而其活动频次可能不会超过此前的月峰值频次；最大强度也只在 $M5.0$ 级左右，不会超过论证阶段的预测强度 $M5.5$ 级；空间分布也多会集中在现今的几个地震区范围内。今后库区地震活动水平将呈起伏性下降，渐趋平缓。

## 五、生态影响

　　本次生态影响评估是在科学分析三峡库区卫星影像、生态调查与观测数据的基础上，结合三峡工程阶段性评估成果，重点针对三峡工程建设对陆地生态、水生生态、天气和气候3个方面的影响所作出的评价。

三峡工程建设对陆地生态系统的影响比较复杂。1995—2013年库区耕地和草地面积减少，林地、建设用地和水域面积明显增加。森林覆盖率增加了19%，但以农林草为主的土地利用结构基本保持未变。总体而言，三峡库区陆生动植物种群结构并未受到明显威胁。据对疏花水柏枝、荷叶铁线蕨和川明参3个珍稀濒危植物的跟踪调查，疏花水柏枝主要分布在三峡谷地海拔155m以下，水库蓄水淹没其野外生境，但所实施的引种栽培、迁地保护等多种措施以及人工繁育技术的突破，使该物种得到有效保护；荷叶铁线蕨主要分布在三峡库区海拔200m以上，水库蓄水淹没的175m水位以下植株仅为其一小部分，且已成功实现人工繁育，在人工管护下保存率较高；川明参的分布较为广泛，不仅分布在三峡库区海拔80～380m地区，在四川、湖北等地也有分布，水库蓄水使其数量有所减少，但不会造成野生川明参物种的灭绝。

工程项目区和移民安置区的水土流失有所增加，但整个库区的水土保持工作趋于好转。库区年土壤侵蚀量由工程建设前的1.57亿t，下降到试验性蓄水期2012年的0.83亿t。

水库蓄水至175m水位后，在水库周边形成了高度30m、面积达348.39km²的水库消落带。原来的陆地生态系统演变为季节性湿地生态系统，原有的地带性植被消失，消落带形成初期的土壤侵蚀较为严重，干流消落带平均土壤侵蚀强度达71mm/a，库湾消落带侵蚀相对较轻。消落带生态系统改变加上不合理的季节性农业利用，对库区水质有一定影响。正在实施的生态治理措施已呈现出积极影响，消落带生态系统整体处于逐步稳定状态。

三峡建库对水生生态系统有一定影响。三峡库区及以上江段鱼类群落结构发生改变。对于长江上游特有鱼类，与蓄水前相比在库尾江段种数减少，但是种群资源仍有一定规模，仍以喜流水性鱼类为主；库中江段数量急剧减少，群落结构发生明显变化，以喜静水和缓流的鱼类为主；在库区不同地点的渔获物中长江上游特有鱼类优势度均明显降低。对于"四大家鱼"，在库区及上游江段产卵规模有增加的趋势，产卵场未受到明显影响，且形成部分新产卵场；在坝下长江中游江段初次繁殖时间推后，早期资源量显著下降，产卵规模维持在较低水平。因蓄水减少了对长江中游大型通江湖泊洞庭湖等渔业资源的补充量，缩短了进入湖区育肥鱼类的生长时间，导致"四大家鱼"在渔获物中的比例趋于下降。受长江水文情势的改变以及非法渔具作业、航运等多种因素的影响，长江下游及河口地区鱼类群落结构发生变化，生物量下降；国家级保护水生动物白鱀豚处于功能性灭绝状态，江豚、中华鲟、白鲟、胭脂鱼等物种数量已非常少。近些年，为了保护长江水生态环境，虽然采取了人工培育、增殖放流、生态调度等措施，对部分生物种群有一定的恢复促进作用，但是水生态系统尚不稳定，水环境演变规律尚不完全明晰，仍需要作进一步研究。

三峡工程建设对天气和气候的影响，主要表现在库区局地范围。基于气象实测资料，三峡库区蓄水后年平均气温较蓄水前升高 0.3℃，但是该变化主要是大环境的气候变暖造成；因水库蓄水造成的库区陆地下垫面状况的改变对水库局地气候的影响，呈现冬季增温和夏季弱降温效应；库区蓄水后多年平均年降水量减少 115mm，但减少并非由水库蓄水引起，而与我国夏季雨带的年代际变化有关。从目前的综合观测和数值模拟结果分析，现阶段三峡工程蓄水对库区周边的天气气候影响范围在 20km 以内。尽管三峡库区及其邻近地区近些年相继遭受一些极端天气气候事件，但主要与影响我国气候的大气环流、海表温度及青藏高原等下垫面热力异常有关，三峡水库只对局部气候可能有影响，不能改变大范围的气候条件。在全球气候变化影响下，未来 50 年三峡库区强降水等极端天气事件发生频率及强度可能增加，气温持续变暖，高温、旱涝等气象灾害的发生更加频繁，因而对于库区的生态安全需要高度重视。

总之，三峡工程建设对陆地生态有一定影响。各土地利用类型面积虽然有所变化，但基本结构并未改变；部分自然景观和文物被淹没，但水面升高也提高了部分景观的可达性；尽管蓄水淹没了部分动植物生境，但所采取的积极保护措施为物种保存和生境保护发挥了重要作用，并未造成物种灭绝；消落带生态问题较为突出，生态修复措施已初见成效，消落带逐步趋于稳定，但仍需重点关注；对水生生态影响明显，鱼类资源数量和产卵繁殖活动受到影响，在多种因素的综合影响下，一些珍稀水生生物面临灭绝威胁；水库蓄水对局地范围内的天气气候有一定影响，没有改变大尺度的气候格局，亦非极端天气事件产生的原因。目前看来，三峡工程建设对库区及其附近区域的生态影响处于可控范围之内。然而三峡工程建设与蓄水对生态系统的影响是一个长期而缓慢的过程，其生态影响后果需要足够长的时间才能显现出来，故需要继续加强生态系统及其变化的长期动态监测。

## 六、环境影响

本次对三峡工程环境影响问题的评估，分为库区和长江中下游水质，特别是重视了对库区水体的富营养化和水华现象、库区及其上游污染物减排情况、库区面源污染控制和环境健康影响方面的评价。评价和研究的数据主要来源于国家环境监测网络和重庆、湖北地方环境监测网络的点位、断面数据，以及生态环境部等相关部门的环境统计数据。

库区干流的水质状况总体稳定。1998—2013 年库区干流主要国控断面的监测数据表明，大部分水质稳定在Ⅱ～Ⅲ类。高锰酸盐指数、氨氮、石油类均有明显的降低趋势，2003 年蓄水后更为显著。粪大肠菌群在 2004 年之前曾出现较为严重的污染（劣Ⅴ类），此后显著降低，2009 年后已稳定在Ⅲ类。库区一级支流的水质与干流的水质基本一致，部分支流略差，总体上优于上游来水水质。上游支流水质有好转趋势，大部分均满足或优于Ⅲ类水质标准，但氮磷污染不容忽视，水体富营养化呈加重趋势。每年 4—6 月，部分支流回水区有水华暴发现象。

长江中下游整体水质无明显变化，主要断面水质基本稳定在Ⅱ～Ⅲ类。部分断面在三峡水库蓄水前为Ⅳ类水质，由于水库对径流进行调节，枯期流量大幅增加，蓄水后水质改善为Ⅱ类、Ⅲ类。

库区及其上游污染物排放情况，2000—2013 年总体呈现上升趋势。2013 年废污水排放总量达 56.4 亿 t，较 2000 年增加 88.2%。其中工业废水排放量有所下降，生活污水排放量呈明显上升趋势，其排放量占废污水排放总量的比例每年均超过 50%，且比重逐年递增，2013 年达到 76.4%。

库区面源污染不容忽视。2012 年库区 COD、总氮和总磷面源污染负荷总量分别为 155404.09t/a、20824.34t/a 和 2259.27t/a。面源污染排放结构中，总体上为农田径流、畜禽养殖、农村生活污染的贡献较大，是库区面源污染源控制的重点。

库区环境的健康影响情况。库区人口出生率和死亡率均明显低于全国水平。传染病发病率在建设期和试验性蓄水前有所上升，2008 年开始试验性蓄水后基本保持稳定，也未对地方病产生明显影响。

总体来看，三峡建库的环境影响主要集中在库区。由于湖北省和重庆市出台了水污染防治条例，国家实施了《三峡库区及其上游水污染防治规划 (2001—2010)》和《重点流域水污染防治规划（2011—2015)》，并采取了污染物总量减排、生态环境保护和建设等一系列有效措施，目前环境影响问题尚处于可控状态。但是三峡水库运行时间尚短，其水生态系统尚不稳定，水环境演变规律尚不明晰，未来三峡水库的水环境保护仍将面临库区和上游经济社会发展的多重压力，因此应更加注重水环境保护的综合研究与跟踪监测。

## 七、枢纽建筑

三峡枢纽建筑在工程可行性论证时涉及"综合规划与水位"和"枢纽建筑物"两个专题。本次评估对工程规划、设计、建设和运行进行了评价。

三峡工程采用"一级开发，一次建成，分期蓄水，连续移民"的开发方式；选择水库正常蓄水位 175m、相应水位下的库容为 393.0 亿 m³；防洪限制水位 145m，枯水期最低消落水位 155m，相应的防洪库容和兴利库容分别为 221.5 亿 m³ 和 165.0 亿 m³；选定三斗坪为三峡枢纽工程坝址等，均符合工程论证结论。工程建设和试验性蓄水实践表明，工程规划的决策正确，可以充分发挥工程的综合利用效益。工程设计的坝型选择、枢纽布置和主要建筑物的设计标准合理，有利于分期导流、施工期通航和三期围堰挡水提前发电。初步设计待定的电源电站和原定预留位置的右岸地下电站，经三峡建委批准，分别于2003 年和 2005 年开工建设，故三峡电站共装机 32 台 700MW 和 2 台 50MW 水轮发电机组，总装机容量由初步设计的 18200MW 增加至 22500MW，设计多年平均年发电量由 847 亿 kW·h 增加至 882 亿 kW·h。

工程建设管理符合建立社会主义市场经济体制的要求。国务院成立三峡工程建设委员会，作为三峡工程的最高决策机构。三峡建委下设办公室作为其办事机构，并成立三峡枢纽工程质量检查专家组、三峡工程稽查组对工程质量和建设管理进行监督。工程建设实行项目法人责任制、招标投标制、工程监理制和合同管理制，中国长江三峡集团有限公司（即原中国长江三峡工程开发总公司，以下简称"三峡集团公司"）为项目法人。

按照党和国家领导人"千年大计，国运所系""质量责任重于泰山"的指示，工程建设不断完善质量保证体系，第一阶段工程以合同规定的质量标准为管理目标，第二阶段工程开始明确提出"零质量事故、零安全事故"的"双零"管理目标，并出台了一系列严于国家或行业要求的技术标准。经综合评定，施工准备和第一阶段工程（右岸导流明渠和左岸施工期通航船闸）质量总体良好，第二阶段工程（泄洪坝段、左岸大坝、左岸坝后式厂房和双线连续五级船闸）质量总体优良，第三阶段工程（右岸大坝及右岸坝后式厂房）以及地下电站质量优良。

工程的实际建设工期比工程论证和可行性研究要求缩短 2 年，比初步设计要求缩短 1 年。2000 年创造了年浇筑 548 万 m³、月浇筑 55.3 万 m³、日浇筑 2.2 万 m³ 的 3 项混凝土浇筑世界纪录。

枢纽工程于 2003 年开始蓄水至 135m 水位，2006 年开始蓄水至 156m 水位，2008 年开始试验性蓄水至 175m 水位，工程全面发挥防洪、发电、航运、供水等综合利用效益。在试验性蓄水期间，经受了 2010 年 7 月和 2012 年 7 月最大入库洪峰流量 70000m³/s 和 71200m³/s 的考验。枢纽工程各建筑物的位移、应力、渗流等各项监测成果表明其工作性态正常，运行状况良好。

## 八、航运

改善长江航运是三峡工程综合利用的主要目标之一。本次评估对三峡船闸的建设和运行情况、长江航道的改善情况和三峡工程的航运效益进行了评价。

三峡船闸为双线连续五级船闸，是三峡枢纽工程的主要通航建筑物，也是目前世界上规模最大、技术最复杂的内河船闸。船闸及其引航道布置在左岸，设计可通过万吨级船队。船闸设计水平年为 2030 年，设计年货运量（单向）为 5000 万 t。在设计和建设过程中，通过采用已有的先进技术，同时大力开展自主科技创新，解决了船闸总体设计、水工结构、输水系统与阀门水力学、高边坡稳定及其变形控制、超大型人字闸门及其启闭机设备制造安装等一系列极具挑战性的关键技术难题。三峡船闸自 2003 年 6 月 18 日投入试运行以来，在 135m 水位围堰发电期通航、156m 水位初期运行、175m 水位试验性蓄水等各个运行阶段，经历了包括四级、五级运行和补水、不补水运行等各种工况的检验。在各运行阶段，通过加强设备设施的运行维护、检修和管理，调整和完善运行工艺，优化运行参数，设备设施持续保持了安全、高效、稳定运行，各项运行指标已达到或超过设计参数。为适应逐年攀升的船舶过坝需求，通过在政策、建设、科研、管理等全方位采取措施，挖掘船闸通过能力，提高了通航效率。截至 2013 年年底，三峡船闸已累计运行 9.46 万闸次，通过船舶 59.46 万艘次，通过旅客 1034 万人次，过闸货运量 6.44 亿 t。货运量逐年持续增长，2011 年船闸货运量已突破 1 亿 t，上行货运量达 5534 万 t，提前 19 年实现了三峡工程的航运规划目标。2014 年货运量达 1.09 亿 t，其中上行货运量 6137 万 t。三峡水库蓄水至 175m 后，水库回水上延至江津红花碛（长江上游航道里程 720.0km 处）。常年回水区（涪陵至坝址）的航道维护尺度得到显著提升，航道条件大幅度改善。变动回水区（江津红花碛至涪陵）高水位运行期的航道条件也得到不同程度的改善。在 175m 水位试验性蓄水期，重庆朝天门至坝址河段，在一年中有半年左右时间具备行驶万吨级船队的通航条件。2013 年，重庆港完成货物吞吐量已达到 1.37 亿 t，其中集装箱吞吐量达到 90.58 万 TEU（国际标准箱）。

三峡水库蓄水运行后，坝下河段总体表现为长距离长时段的河床冲刷，对葛洲坝以下长江中游航道条件的影响深远且有利有弊。由于水库调节，枯水期下泄流量明显加大，加之正逐步实施的长江中游航道整治与护岸等工程，坝下河段总体河势保持稳定且可控，航道条件也整体向好的方向发展，并已取得明显成效。

三峡工程促进了长江航运的发展，长江已是货运量位居全球内河第一的黄金水道，长江通道已成为我国国土空间开发最重要的东西轴线。建议认真落实《国务院关于依托黄金水道推动长江经济带发展的指导意见》（国发〔2014〕39

号），同时开展挖掘既有船闸潜力（包括推广三峡船型）、建立综合立体交通走廊、加快三峡枢纽水运新通道和葛洲坝枢纽船闸扩能工程建设前期工作等，进一步提高三峡枢纽、葛洲坝船闸和两坝间航道在内的航运系统通过能力。对于坝区河段大风大雾出现频次和历时增加等对通航安全和船闸运行效率的可能影响，要继续加强监测和研究。

## 九、电力系统

三峡电力系统对于三峡电力外送和全国电网联网具有重要意义。本次评估对三峡电力系统的规划、建设、输变电设备国产化和运行进行了评价。

三峡电力系统规划包括电源规划、电能消纳规划和输电系统方案。在电源规划方面，经反复论证，在 1993 年 7 月的三峡建委第二次全会上，确定三峡电站的单机容量由 680MW 增加至 700MW，总装机容量由 17680MW 增加至 18200MW，设计多年平均年发电量由 840 亿 kW·h 增加到 847 亿 kW·h。建设过程中，经国家发展和改革委员会核准，建设地下电站（6 台 700MW）和电源电站（2 台 50MW），三峡电站最终装机容量达 22500MW，设计多年平均年发电量达 882 亿 kW·h。三峡电源规划的调整能更充分地利用三峡水能资源，进一步提高三峡工程的能源利用率。在电能消纳规划方面，1995 年完成的初步设计确定三峡电站的供电范围为华中、华东和川东地区。随着电力市场供需情况的变化，规划经过多次调整和优化，最后形成了向华中、华东、南方电网送电，涵盖湖北、湖南、河南、江西、安徽、江苏、上海、浙江、广东和重庆 10 省（直辖市）的电能消纳格局。三峡电能通过三峡输电系统全部消纳，消纳方案执行情况良好。在输电系统方案方面，三峡电力首先通过 500kV 交流电网在华中电网内部消纳，其余电力跨区外送；通过 3 回 ±500kV 直流线路送电华东电网，送电容量 9000MW（连同葛沪 1 回为 10160MW）；通过 1 回 ±500kV 三峡—广东直流线路跨区送电南方电网，送电容量 3000MW。三峡输电系统结构合理，对电网发展的适应性良好。

三峡输变电工程坚持技术引进与消化吸收、自主创新相结合，使我国输变电工程建设和设备制造能力大幅提升，跻身世界先进水平行列。建成了世界上最大的直流输电系统，其运行可靠性居世界前列。多个交流设备技术性能和参数达到甚至超过世界先进水平。在系统规划与运行方面，促进了大电网规划设计、仿真分析、调试技术、运行控制及调度通信等领域的跨越式发展。建设过程中，施工进度、质量和投资控制良好，安全管理和环境保护成效显著。"三峡输电系统工程"项目荣获 2010 年度国家科学技术进步一等奖，三沪直流输电工程于 2007 年荣获亚洲输变电工程年度奖，2008 年荣获"国家环境友好工程"奖。

三峡电站自投产以来，电站机电设备保持了较高的安全可靠性。从首台机组投运至 2013 年 12 月，累计发电 7119.69 亿 kW·h，实现了三峡电力全部及时送出，对于缓解华中、华东和南方电网电力供需紧张矛盾，发挥了十分重要的作用。自 2012 年电站机组全部投产至 2014 年 12 月，三峡电站多年平均年发电量为 904.27 亿 kW·h，超过了设计多年平均年发电量。2003—2013 年，在三峡工程建设的各阶段，输变电工程均能满足三峡电站电力送出需求，输电系统保持安全稳定运行，未发生系统稳定性破坏事故。三峡发电调度遵循了电网统一调度的原则，发电调度服从防洪调度并与航运等调度相协调，通过优化调度促进了节水增发，取得了良好的节能调度效果；同时充分发挥了跨区和跨省（直辖市）电网调峰错峰、互为备用、调剂余缺等互联电网效益。

三峡电站地处华中腹地，地理位置优越，装机规模巨大。通过构建三峡电力系统，连接了川渝、华东和南方电网，推动了全国联网，实现了跨大区西电东送和北电南送，为华中、华东地区和广东省的社会经济发展提供了强大的电源支撑，电网大范围资源优化配置能力得到大幅提升。

## 十、机电设备

三峡电站机电设备的规模、数量和技术水平均居世界前列。本次评估对三峡枢纽工程中的水轮机、发电机、辅机和输变电技术，机组制造和运输，机组对于分期蓄水的适应性，电气设计及主要设备、金属结构及起重机的安装、调试、运行和维护，以及对我国水电机电设备行业高端技术的进步和制造能力的提升等进行了评价。

水轮机的研制引进了先进的水力开发软件——计算流体力学软件（CFD）和数控加工技术，使机组真机性能与模型试验结果的符合性较好，机组主要参数选取科学、先进、可靠，结构型式合理。在设计、制造、安装中采取的多种措施有效地保证了机组的运行稳定性。真机各项性能试验和过渡过程试验结果表明，机组设计先进、运行稳定可靠，满足长期安全稳定运行的要求。各工况下发电机运行情况表明，发电机的静态和动态稳定性、热稳定性、抗干扰能力、过负荷能力等性能指标优越，满足电网要求。3 种不同冷却方式中全空冷和定子蒸发冷却方式的成功应用，表明我国自主开发的大容量发电机冷却技术已达到国际领先水平。调速系统、励磁系统等辅机的型式和主要参数选用正确，研发能力大幅提升，整体运行品质良好。机组制造质量满足合同要求，运输方案稳妥可靠，保证了电站的建设工期要求。机组对分期蓄水 135m、156m和 175m 水位的适应性良好。电站接入系统设计合理，主变压器、GIS（六氟化硫封闭式组合电器）配电装置等电气设备运行性能优良。

枢纽工程的金属结构及各种启闭设备经历了洪、枯水期水库的泄水、蓄水、排沙和电站各种运行工况的考验，闸门启闭正常且性能良好。左岸电站、右岸电站和地下电站厂房中分别配置的2台1200/125t桥式起重机满足现场安装及检修维护的需要，运行性能和同步性能良好。

在机电设备的安装、调试、运行和维护中，三峡建委、三峡集团公司等部门和单位专门制定了高于国家标准的安装标准，建立了完善、先进、科学的质量管控体系和"首稳百日""精品机组"等严格的考核标准，保证了机电设备安装和调试运行的高质量。机组总体运行状况良好，历年机组等效可用系数均在93%以上，可靠性指标始终保持在较高水平。

三峡工程的机电设备采用"引进-消化吸收-再创新"的技术路线，通过三峡工程，我国逐步建立起现代化的自主研发创新体系，使我国水力发电设备自主研制水平得到跨越式提高，进入国际先进行列，同时也为后续的金沙江溪洛渡（单机容量770MW）、向家坝（单机容量800MW）、乌东德（单机容量850MW）、白鹤滩（单机容量1000MW）等大型水电站的超大容量机组制造奠定了坚实的基础。

## 十一、移民安置

移民安置是三峡工程建设的重要组成部分，是工程能否按期建成并发挥效益的关键问题。本次评估对移民安置实施情况、移民安置支持政策落实情况、库区经济社会发展情况等进行了评价。

国家高度重视三峡工程的移民安置工作。1985—1992年开展了移民安置试点工作，1993年国务院颁布了《长江三峡工程建设移民条例》（以下简称"《条例》"），2001年根据情况的发展变化对《条例》又进行了修订。三峡工程建设实行开发性移民方针，实行国家扶持、各方支援与自力更生相结合的原则，实行"统一领导、分省（直辖市）负责、以县为基础"和移民任务、移民资金"双包干"的管理体制机制。1993年移民安置工作正式开始，于2009年年底完成初步设计规划任务，其进程与大江截流、135m水位蓄水、156m水位蓄水和175m水位蓄水的工程建设进度相协调，为三峡水库试验性蓄水、安全运行和综合效益发挥奠定了坚实基础。

三峡工程移民安置规划任务全面完成。累计完成移民搬迁安置129.64万人，其中农村搬迁安置55.07万人（含外迁安置19.62万人），城镇搬迁安置人口74.57万人；复建各类房屋面积5054.76万 $m^2$；完成城市、县城和集镇迁建118座，处理工矿企业1632家，完成文物保护项目1128处。1999年，为缓解农村移民后靠安置压力，系统解决企业迁建与发展问题，有利于保护三峡库区生态环境，中央制订了鼓励和支持更多的农村移民外迁安置、加大工矿企业结构调整的"两个调整"政策。总的看来，三峡工程移民得到妥善安置，达到或超过移民安置规划标准，实现了移民安置规划目标；移民工程质量良好，移民资金管理规范，移民任务与资金"双包干"政策得到落实；移民住房条件、基础设施和公共服务设施等生产生活条件较搬迁前明显改善，生产安置措施基本落实，生产扶助措施已见成效，移民收入总体上已达到当地居民平均水平，库区和移民安置区社会总体稳定。

国家对三峡工程移民安置先后出台的对口支援、后期扶持、工矿企业处理、库区发展、税收支持等5个方面15项支持政策，得到了较好落实并取得良好成效，对圆满完成三峡移民工作、促进库区经济社会可持续发展发挥了巨大的推动作用。

三峡工程建设为库区经济社会发展提供了历史性机遇，实现了快速增长。1992—2013年，库区生产总值和公共财政预算收入年均增长率分别为18.85％和19.11％，均超过同期湖北省、重庆市和全国平均增长率。库区三次产业结构由40∶30∶30调整为10∶55∶35。库区城镇化率由10.68％提高到52.18％，高于全国同期平均发展速度。库区农村居民人均纯收入年增长率13.57％，高于全国同期平均增长率；库区城镇居民人均可支配收入年增长率13.18％，接近全国同期年均增长率。库区城乡住房明显改善，基础设施和公共服务设施跨越式提升，城乡面貌焕然一新，社会事业取得长足进步。

移民安置工作评估的总体结论是：三峡工程移民实现了全部搬得出、总体稳得住、逐步能致富的阶段性目标。但要把三峡库区建设成经济繁荣、社会和谐、环境优美、人民安居乐业的新库区，实现全面安稳致富的任务还十分艰巨。一是库区人多地少的基础性矛盾突出，少数农村移民生活困难；部分进城（集）镇安置的农村移民、城（集）镇迁建新址的占地人口、靠门面经营为生的城镇居民和企业下岗职工等"四民"就业增收困难；少数外迁移民搬迁后尚未完全融入当地社会、经济、文化体系。二是库区产业发展基础差，经济总量小，经济社会发展水平整体偏低。三是库区地形地貌与岸坡的地质结构复杂，存在地质安全风险，水库蓄水后库岸再造引起的塌岸、滑坡不同程度地影响库周群众的生产生活。四是库区部分城（集）镇污水和垃圾处理设施不完善，农村面源污染控制难度较大，少数支流库湾有水华现象发生。五是水库涉及面广、情况复杂，综合管理难度较大。这些问题有的已在《三峡后续工作规划》中作了安排，有的还需进一步研究和妥善解决。

## 十二、水库调度

三峡水库在 175m 正常蓄水位试验性蓄水初期，根据试验性蓄水需要，遵照国务院确定的"安全、科学、稳妥、渐进"的原则，水利部组织开展三峡水库优化调度研究，经国务院批准印发了《三峡水库优化调度方案（2009）》，明确规定了"兴利调度服从防洪调度，发电调度与航运调度相互协调并服从水资源调度，提高三峡水库的综合利用效益"的调度原则。三峡水库试验性蓄水调度不仅全面发挥了原定的防洪、发电、航运效益，而且拓展了运用功能，实施了水资源调度，开展了促进鱼类繁殖等试验性调度，为编制三峡水库正式运用调度规程和工程整体竣工验收创造了良好条件。本次评估对试验性蓄水期间的调度方案进行了评价。

三峡工程试验性蓄水期间，水库调度保证了三峡工程安全度汛、平稳蓄水和枯水期供水安全，充分发挥了工程的综合效益。三峡工程调度坚持在确保防洪安全、风险可控、水库泥沙淤积许可的前提下，合理确定各时段的调度目标，充分发挥了其拦洪、削峰、错峰作用，有效减轻了长江中下游防洪压力，减少了水库泥沙淤积，同时协调发电调度、航运调度和水资源调度，提高了三峡水库的综合效益。

### （一）防洪调度

防洪是三峡工程的首要任务。工程论证和初步设计提出以荆江防洪补偿的调度方式为防洪运用的基本调度方式，并研究了兼顾对城陵矶防洪补偿的调度方式。《三峡水库优化调度方案（2009）》明确了兼顾对城陵矶的补偿调度方式。评估认为，兼顾对城陵矶的防洪补偿调度合理可行。试验性蓄水期间，充分利用实时水雨情预测预报技术，在确保防洪安全的前提下，还多次对中小洪水实施调度。评估认为，应在不断总结防洪调度经验的基础上，深入研究论证中小洪水滞洪调度的条件、目标、原则和利弊得失，关注对下游防洪、河道行洪和库区泥沙淤积等方面的影响，制定调度方案，在确保安全的前提下，相机进行中小洪水调度，并建议每隔一定年份，在汛期条件允许的情况下，有组织、有计划地视水情选择适当时机控制三峡下泄 $50000\sim55000\mathrm{m}^3/\mathrm{s}$ 流量，以保持长江中下游河道泄洪能力及锻炼防汛队伍。

### （二）发电调度

三峡电站承担电力系统的调峰、调频、事故备用任务。在试验性蓄水期间，采用汛期限制水位浮动运行、中小洪水滞洪调度、汛末提前蓄水等运用方式，也有利于提高发电效益。评估认为试验性蓄水期间实施的发电调度方式基本合理可行，今后应以保障电网安全稳定运行为目标，进一步发挥调峰调频效益，并在保证库区地质灾害治理工程安全的前提下，开展优化水库集中消落期水位日下降幅度限制条件的研究工作。

### （三）航运调度

航运调度服从防洪调度、水资源调度，并与发电调度相协调。在试验性蓄水期间，航运调度保障了三峡与葛洲坝枢纽通航设施的正常运用。评估认为现行的航运调度方式基本合理可行，即三峡至葛洲坝的两坝间河段航道水流条件应满足船舶安全航行的要求；葛洲坝最小下泄流量应满足葛洲坝下游庙嘴水位站水位不低于 39.00m 的条件；蓄水期控制坝前水位上升速度，逐渐稳步减小下泄流量，10月下旬蓄水期间，一般情况水库下泄流量不小于 $6500\mathrm{m}^3/\mathrm{s}$，以满足坝下航道目前通航水深的要求。建议进一步研究优化航运调度与发电调度的协调，重视大坝泄洪、电站调峰对三峡—葛洲坝枢纽河段通航条件的影响问题，以及葛洲坝以下河段河床还会进一步下切的问题。

### （四）水资源调度

为了应对长江中下游干流以及洞庭湖、鄱阳湖水位在三峡蓄水期快速下降的局面，在试验性蓄水期间调整了初步设计的水库蓄水进程和枯期调度方式。针对1—2月河口压咸、两湖补水等需求进行适当的补偿调度，对下游河段发生干旱灾害、重大水污染事件进行应急调度。评估认为拓展水资源调度十分必要，现行调度方式基本合理可行，今后应进一步统筹考虑生活、生产、生态用水需求，继续优化相关的调度方式。

### （五）促进鱼类繁殖等试验性调度

试验性蓄水期间开展的包括促进鱼类繁殖调度、汛期沙峰调度、消落期库尾减淤调度等试验性调度很有必要，并已取得初步成果，可继续开展试验研究，逐步积累经验。

水库调度是三峡工程安全、高效运行的重要保障，建议进一步完善和建立科学统一的长江流域调度机制，统筹兼顾全流域上、中、下游的防洪、发电、航运、水资源、生态、环境、泥沙等调度目标，按照加强生态文明建设的要求，建立面向生态的三峡水库综合调度体系，将生态文明建设理念贯穿于防洪、发电、航运和水资源的调度运用之中，维护健康长江。

## 十三、经济社会效益和财务与国民经济评价

本次评估对三峡工程的投资控制、社会经济效益、财务与国民经济等进行了分析评价。

（一）投资控制

三峡工程由枢纽工程、移民工程和输变电工程三大部分组成。枢纽工程和移民工程又合称主体工程，输变电工程又称配套工程。在工程建设中，三峡集团公司负责枢纽工程的投资管理以及主体工程的利息支出控制，三峡建委办公室和相关省（直辖市）移民机构负责移民工程投资管理，国家电网公司负责输变电工程投资管理。

三峡工程的投资按照三峡建委批准的初步设计概算进行控制。但是由于工程规模大、涉及面广、建设工期长，在实施的过程中又经历过若干次调整。1992 年 12 月，长江水利委员会编制完成了《长江三峡水利枢纽初步设计报告（枢纽工程）》。1993 年 9 月三峡建委以国三峡委发办字〔1993〕1 号文《关于批准〈长江三峡水利枢纽初步设计报告（枢纽工程）〉的通知》，批准枢纽工程的静态投资为 500.90 亿元（1993 年 5 月末价格水平；未含地下电站，下同）。1995 年三峡建委以国三峡委发办字〔1995〕1 号文《关于批准三峡工程水库移民补偿投资概算总额及切块包干方案的通知》，批准移民静态投资为 400 亿元（1993 年 5 月末价格水平）；1998—2006 年因移民安置政策性变化经多次审批共调增 49.51 亿元；2007 年因移民安置规划调整，三峡建委以国三峡委发办字〔2007〕14 号文《关于长江三峡工程库区移民安置规划和工程概算调整方案的批复》调增 79.51 亿元，调增后的移民工程静态投资合计为 529.02 亿元。1995 年三峡建委以国三峡委发办字〔1995〕35 号文《关于三峡工程输变电系统设计的批复意见》，批准输变电工程静态投资为 248.22 亿元（未含地下电站配套的输变电后续项目，下同）；1997 年根据原电力部电力规划设计总院报送的《三峡输变电工程系统设计概算》，三峡建委以国三峡委发办字〔1997〕07 号文《关于三峡工程输变电系统设计概算的批复》，将输变电工程静态投资概算调整为 275.32 亿元；2002 年考虑全国电网联网和扩大供电范围的需要，三峡建委以国三峡委发办字〔2002〕13 号文《关于对三峡输变电工程及二次系统调整方案的批复》，输变电工程静态投资最终调整为 322.74 亿元（1993 年 5 月末价格水平）。因此，三峡工程的静态总投资为 1352.66 亿元（1993 年 5 月末价格水平）。根据审计署《长江三峡工程竣工财务决算草案审计结果（2013 年 6 月 7 日公告）》，竣工决算静态投资为 1352.66 亿元，与三峡建委批准的设计静态概算一致。

动态投资是在静态投资的基础上、考虑了价差和建设期贷款利息的总投资，与物价涨幅及投融资体制密切相关。三峡工程建设实行多主体、多渠道融资，资金主要来源为国家设立的三峡工程建设基金，其次为来自三峡电站提前发电和输变电的收入以及上市融资和债务融资。1994 年和 1998 年经三峡建委批准，基于主体工程静态投资概算 900.90 亿元预测的主体工程动态投资为 2039.50 亿元，基于配套工程（输变电工程）静态投资 275.32 亿元预测的输变电工程动态投资为 589.42 亿元，故在建设初期（1998 年）合计预测的动态总投资为 2628.92 亿元。为保证三峡工程概算体系的完整性和系统性，本次评估对 2002 年移民工程静态投资调整后的动态投资进行了补充测算，得出移民工程最终的动态投资测算值为 1065.14 亿元。2008 年国家电网公司根据国三峡委函办字〔2008〕126 号批准的 2003 年以前的价差和专项费用的调整，编制了输变电工程的现价概算为 394.51 亿元，本次评估视同为动态概算。因此，按照动态投资与静态投资相对应的原则，三峡工程最终的动态投资测算值为 2723.74 亿元。经审计署审定的竣工财务决算，实际投入的动态投资为 2072.76 亿元，比建设初期批准的预测动态投资减少 556.16 亿元。如果将 1995—2007 年移民工程和输变电工程的概算调整也加以考虑，即与本次评估得出的最终动态投资预测数相比，实际投入的动态投资将会比评估的动态投资减少得更多。

三峡工程通过多主体和多渠道的融资方式，有效解决了工程建设所需的资金。三峡工程投入资金 2072.76 亿元，其中三峡基金 1615.87 亿元，向长江电力股份有限公司出售发电机组收入 348.65 亿元，电网收益再投入 106.38 亿元，基建基金等专项拨款 1.86 亿元。同时，在建设过程中，建设方还通过银行贷款、发行企业债券等方式筹措债务资金，弥补了建设投资和资金来源时间不匹配产生的临时资金缺口（债务资金目前已全部偿还）。

为了充分发挥三峡电站发电效益和三峡输变电工程联网效益，2004 年经三峡建委批准在枢纽工程中建设地下电站，在输变电工程中增加配套的后续项目。地下电站设计静态概算为 69.97 亿元（2004 年二季度价格水平，批准时未测算动态投资）；与其配套的输变电工程后续项目设计静态投资概算为 83.83 亿元（1993 年价格水平），动态投资概算为 108.33 亿元。根据三峡集团公司和国家电网公司提供的数据，地下电站实际完成动态投资 68.09 亿元，输变电工程后续项目实际完成的动态投资为 79.32 亿元。按照物价指数测算，地下电站及输变电工程后续项目实际完成的投资均低于批准的动态投资概算。若将地下电站投资和输变电工程后续项目投资归入三峡工程投资总额，三峡工程实际完成动态总投资约为 2220 亿元。

综上所述，同批准的初步设计确定的静态概算相比，枢纽工程投资没有增加。移民工程和输变电工程因建设期内规划变化、政策调整等因素进行了一定程度的调整，造成投资增加较多。这些调整是必要和合理的。总体来说，得益于工程前期扎实的论证和设计工作以及参建各方的科学管理和科技创新，静态投资得到有效控制；得益于工程建设期间良好的国内宏观经济环境和"静态控制、动态管理"的投资管理模式，实际投入的动态投资有较大幅度的减少。

### （二）社会经济效益

#### 1. 防洪减灾效益

三峡工程有效控制了长江上游洪水，提升了长江中下游的防洪能力。2010年和2012年汛期，长江上游分别出现入库洪峰流量为70000m³/s和71200m³/s的洪水，经三峡水库拦洪削峰，下泄最大流量为40000m³/s和45000m³/s，沙市站水位未超警戒水位。初步估算，仅2008—2013年试验性蓄水期间，三峡工程累计产生的防洪经济效益即高达925.2亿元。

#### 2. 发电供电效益

三峡电站自2003年首台机组投产以来，截至2013年年末，累计发电量为7119.69亿 kW·h，实际上网电量为7056.9亿 kW·h，实现售电收入（含税）1830.6亿元。输变电工程促进了全国联网，累计实现过网收入494.5亿元。

#### 3. 航运效益

三峡工程建成后显著改善了三峡库区的通航条件；通过枯水期流量补偿、航道整治和航道维护疏浚等措施，提高了中游宜昌至武汉段的枯水期航道水深，长江航道通过能力大大提升，促进了沿江经济的快速发展。本次评估中，以三峡工程建成前后川江运量的变化为基础（包括货运量和客运量），测算了2003—2013年期间的航运效益。运输成本节约效益95.80亿元，货物由其他运输方式转移至水路产生的转移效益约为54.40亿元，运输时间节约效益12.10亿元，航运安全提升效益0.13亿元，合计为162.42亿元。

#### 4. 供水效益

三峡水库蓄水至175m水位后，通过优化调度实现了部分洪水资源化，统筹长江中下游的生活、生产、生态用水需求，发挥了补水抗旱功能。2003—2013年，三峡水库为下游补水总量达904亿 m³，多年平均年补水107天，年补水量为113.0亿 m³。

#### 5. 节能减排效益

三峡水电站利用可再生的清洁能源——水能发电，与火力发电相比，节约了煤炭资源，缓解了煤炭运输压力，同时也有效减少了二氧化碳、二氧化硫以及其他大量有害气体和大量工业废水的排放。据统计，三峡电站从2003年7

月至 2013 年年底累计发电 7119.69 亿 kW·h，相当于节约了 2.4 亿 t 标准煤，减少二氧化碳排放 6.1 亿 t，减少二氧化硫排放 655.1 万 t，减少氮氧化物排放 187.7 万 t，并减少了大量废水、废渣。其中，2013 年发电 828.3 亿 kW·h，替代标准煤 2658.8 万 t，占当年全国能源消费总量（37.5 亿 t 标准煤）的 0.71%，为改善大气环境作出了贡献。

此外，三峡工程还有旅游方面的效益。

### （三）财务与国民经济

#### 1. 财务评价

三峡工程虽然总投资大，总工期长，但由于发电量大、成本低、收益高，且在建设期即可开始受益，故财务效益良好。本次财务评估的结论是：三峡工程内部收益率（所得税前）为 8.6%，大于现行社会折现率 7%；净现值为 278.23 亿元，大于零；投资回收年限（所得税前）为 21.3 年。工程在财务上具有可行性，与初步设计报告结论一致。

#### 2. 国民经济评价

本次国民经济评估的结论是，三峡工程经济内部收益率为 12.17%，大于现行社会折现率 7%；经济净现值为 1434.94 亿元，远大于零；经济效益费用比为 1.80，大于 1。说明三峡工程的国民经济效益显著，与工程论证和初步设计报告结论一致。

#### 3. 敏感性分析

无论是财务评价还是国民经济评价，三峡工程各项经济因素向不利方向变化一定幅度均不会改变评价结论，表明经济风险很小，发展具有可持续性，与工程论证与初步设计报告结论一致。

#### 4. 促进区域经济增长和产业结构优化

三峡工程建设显著地促进了坝区、库区和湖北省、重庆市以及受电地区（华中、华东和广东）的经济发展，这些地区的经济增速均超过了全国同期平均增速，同时推动地区产业结构不断优化。1997 年、2002 年和 2007 年，三峡工程分别拉动湖北省总产值增加 87.22 亿元、77.41 亿元、22.44 亿元，分别拉动重庆市总产值增加 33.16 亿元、166.91 亿元、44.57 亿元。2008—2012 年，三峡工程向华中、华东和广东送电，分别支撑当地实现 GDP 为 20763.05 亿元、18033.06 亿元和 7340.08 亿元。

## 十四、综合评估结论

1992 年，国务院总理代表国务院提请第七届全国人民代表大会第五次会议审议《国务院关于提请审议兴建长江三峡工程的议案》（以下简称"《议案》"）。《议案》指出："三峡工程的兴建，对加快我国现代化建设进程，提高综合国力，具有重要意义""三峡工程建设是必要的，技术上是可行的，经济上是合理的，随着经济的发展，国力是可以负担的"。国务院副总理在《关于提请审议兴建长江三峡工程的议案的说明》中指出，三峡工程"采用水库正常蓄水位一百七十五米，大坝坝顶高程一百八十五米和'一级开发，一次建成，分期蓄水，连续移民'的建设方案"，"三峡工程是一项规模宏大的水利枢纽工程，在防洪、发电、航运和供水等多方面将产生巨大的综合效益，特别是对保障荆江两岸一千五百多万人民生命财产安全具有十分重要的作用。从对增强我国综合国力和为下世纪初国民经济发展打下坚实的基础来说，兴建三峡工程也是十分必要的"。第七届全国人民代表大会第五次会议在审议《议案》后作出了《关于兴建长江三峡工程的决议》，批准将兴建长江三峡工程列入国民经济和社会发展十年规划。三峡工程建设和试验性蓄水的实践，已经充分证明了《议案》和全国人民代表大会决议的正确，充分证明了三峡工程"建比不建好，早建比晚建有利"的可行性论证结论。

中国工程院作为第三方对三峡工程建设进行独立评估，评估的结论是：三峡工程规模宏大，效益显著，影响深远，利多弊少。由于论证充分，决策科学，从根本上保证了工程建设的顺利进行。工程初步设计规定的建设任务提前1年完成，工程建设质量符合技术标准，满足设计要求。在工程建设过程中，坚持科技创新，在水利水电工程建设、输变电工程建设和机电设备设计制造方面，实现了技术上的跨越式发展；坚持深化改革，落实"四制"（项目法人责任制、招标承包制、工程监理制、合同管理制），有效地控制了质量、进度和投资；坚持以人为本，贯彻开发性移民方针，成功实现百万移民的搬迁安置。工程建成后，遵循"安全、科学、稳定、渐进"的原则，实施了175m正常蓄水位试验性蓄水，防洪、发电、航运和水资源利用等效益全面显现，并为三峡—葛洲坝梯级枢纽的优化调度积累了宝贵经验。工程建设对生态和环境的影响有利有弊，但均处于受控状态。为实现百万移民安稳致富和库区经济社会又好又快发展，继续推进生态修复和环境保护，进一步拓展和充分发挥工程的巨大综合效益，国家出台了《三峡后续工作规划》，并已在顺利实施。

党中央、国务院历来高度重视三峡工程，从项目论证、选址、规划、建设到竣工，倾注了历届中央领导集体的智慧、心血和关心。三峡工程反映了全国人民的殷切期望，也凝结了参与工程建设的广大建设者的创造智慧和劳动热情。三峡工程是我国在中国特色社会主义道路上成功建设的杰出工程的代表作之一，是中华民族的骄傲，将可持续地发挥巨大效益，造福子孙后代。

中国工程院在本次评估中，在对三峡工程建设和试验性蓄水给予充分肯定的同时，也提出了工程今后在长期正常运用中需要关注的问题和建议，特别是三峡库区经济社会的可持续发展和广大移民群众的进一步安稳致富问题，继续加强长江上游的水环境保护和库岸地质灾害防治问题，全面优化三峡水库的科学调度和长江流域水库群的联合调度问题，重视坝下游河道长期冲刷及江湖关系变化问题。希望有关省（直辖市）、部门和单位继续发扬科学民主、团结协作、精益求精、自强不息的三峡精神，在工程正式投运后，继续大力推进国务院批复的《三峡后续工作规划》和《国务院关于依托黄金水道推动长江经济带发展的指导意见》的贯彻落实，建立健全最严格的生态环境保护和水资源管理制度，加强长江全流域生态环境监管和综合治理，尊重自然规律及河流演变规律，协调好江河湖泊、上中下游、干流支流关系，保护和改善流域生态服务功能，推动流域绿色循环低碳发展，使三峡工程的"利"拓展到最大，而将其"弊"降低到最小，为实现中华民族伟大复兴的中国梦作出尽可能大的贡献。

# 第 三 章

# 三峡工程建设的基本经验

三峡工程顺利建成，一靠在中国共产党的正确领导下，发挥我国社会主义制度的优越性，集中力量办大事；二靠改革开放以来综合国力的提高，为工程建设提供了前所未有的机遇和环境，是我国坚持中国特色社会主义道路的重要成果；三靠全国人民的大力支持、三峡工程建设者和库区干部群众的奉献拼搏。三峡工程自 1994 年 12 月正式开工以来，已历经 20 多年，其间有不少领导和专家、学者回顾或总结了三峡工程的论证和建设阶段的经验。中国工程院在 2008 年对三峡工程论证与可行性研究的阶段性评估中，也初步总结了三峡工程建设的基本经验。本次评估对三峡工程建设的基本经验作了进一步的评价。

## 一、坚持科学论证，为工程建设决策提供正确依据

三峡建坝设想的提出虽然已近百年，但对三峡工程的研究论证，是在新中国成立以后，1954 年长江发生大洪水，1956 年成立长江流域规划办公室后才真正开始，迄今已有半个多世纪。党中央、国务院对兴建三峡工程历来采取既积极又慎重的方针。在研究论证的过程中，就工程规模来讲，正常蓄水位就先后历经 200m、150m、180m 等多个方案的比选论证。三峡工程的真正决策，是我国在 20 世纪 80 年代实行改革开放以后才开始的。党中央、国务院在 1986 年 6 月发布《中共中央、国务院关于长江三峡工程论证工作有关问题的通知》（中发〔1986〕15 号），对决策的程序作了严格的规定：一是由原水利电力部组织专家进行全面论证；二是由国务院成立审查委员会进行审查；三是提请全国人民代表大会审议。三峡工程从重新论证到工程开工建设，严格贯彻了中央 15 号文件的精神，成功地实现了三峡工程决策的科学化和民主化。

重新论证作为兴建三峡工程决策的基础，参加者有全国各方面的专家 412 人，分为 10 个专题，自始至终强调坚持实事求是的科学态度：一是既要充分

利用过去的研究成果，又要不局限于以往的结论；二是论证结论要有严格的科学基础，经得起历史的检验；三是要发扬技术民主，充分考虑各种不同意见和建议。鉴于论证工作是一项复杂的系统工程，采用了先专题、后综合和专题与综合互相交叉的工作方法。在论证结论中还特别注意留有余地，对于一些既有有利影响又有不利影响的问题，例如生态环境问题，更多地考虑了其不利影响的一面；对于一些具有较大不确定性的问题，例如泥沙问题，从偏于安全考虑审慎对待。同时，国家科学技术委员会配合论证，组织全国 300 多个单位、3200 多名科技人员对 45 个专题进行科技攻关，取得了 400 多项科研成果。此外，为了引进技术并与国内论证相互验证，1986 年 5 月经国务院批准，决定由世界银行和加拿大咨询公司与国内平行进行三峡工程可行性研究。论证结束后，长江水利委员会根据论证结论重新编制了可行性研究报告，为党中央、国务院的正确决策提供了科学依据。1990 年 12 月—1991 年 8 月，由 163 位专家组成的国务院三峡工程审查委员会审查通过了三峡工程的可行性报告，并报经中共中央和国务院批准。审查委员会认为，无论赞成的、有疑问的或者不同意的意见，都是为了如何更好地解决长江中下游的防洪和治理，都是从对国家和人民负责出发的。这些意见对增加论证深度、改进论证工作以及完善论证结果都起到了十分积极的作用。对待所有意见都应采取博收其长，吸取合理部分的态度，而不应采取排斥对立的态度。因此，在审查中对有关部门、地方和社会各界提出的意见和建议进行了认真研究，采纳了许多有益的意见。1992 年 4 月，第七届全国人民代表大会第五次会议对《国务院关于提请审议兴建长江三峡工程的议案》进行了审议，大会以无记名投票中超过 2/3 的多数通过了《关于兴建长江三峡工程的决议》。

现在，三峡工程的决策已经得到工程建设和试验性蓄水实践的验证，说明在重大基础设施项目上存在不同意见是正常的，对此采取科学的态度予以全面论证更是必要的。兴建三峡工程的决策，是我国在重大工程项目上实行科学决策和民主决策的典范。三峡论证的宝贵经验，已为我国不少重大基本建设项目所借鉴并得到进一步的推广。

## 二、坚持深化改革，不断提高工程建设的管理水平

我国的水利水电工程建设，在计划经济体制下一直实行以行政方式组织建设的管理体制，甚至采用过"指挥部""大会战"的方式组织工程建设。三峡工程是在我国从计划经济向市场经济转型时期进行论证和建设的。在论证时，对建设管理体制和移民安置工作的改革作过较深入的探讨和研究。1993 年年初，国务院作出重要决策，指出三峡工程建设不能沿袭计划经济体制下的"工

程建设指挥部"模式，要按照社会主义市场经济的办法组织工程建设，并且按照政企分开的原则确立工程建设管理体制的框架，从而使三峡工程开工伊始，就迅速建立起了既适应市场经济条件又符合三峡工程特点的新型建设管理体制，有力地保证了工程建设的顺利进行。

在三峡工程的建设管理体制中，国务院设立的三峡工程建设委员会，是三峡工程的高层次决策机构，委员会下设办公室，作为三峡建委的办事机构，履行政府职能。工程建设严格实行项目法人责任制、招标投标制、合同管理制和工程监理制。国务院批准成立的中国长江三峡工程开发总公司（现为中国长江三峡集团有限公司），为三峡枢纽工程的项目法人，全面负责三峡枢纽工程的组织实施和所需资金的筹集、使用、偿还以及工程建成后的经营管理。随着工程建设的进展，国务院还确定国家电力公司（现国家电网有限公司）作为项目法人，负责三峡输变电工程建设以及跨区联网的工程管理。三峡建委办公室负责库区移民工作，首次提出移民工作采用统一领导、分省（直辖市）负责、以县为基础的管理体制，实行移民任务与资金"双包干"的责任制。实践证明，这套新型的建设管理体制和机制，理顺了政府、企业和市场之间的关系，是三峡工程建设的有效组织形式。

三峡工程在建设中不断进行融资机制创新，包括国家设立三峡建设基金作为资本金，项目法人利用资本市场开展多元化融资，以及在施工期即有发电收益等，保证了工程建设的资金需求。由于建设期间国内宏观经济环境较好，价差和利息支出减少，而且三峡建委和三峡集团公司、国家电网公司两个层次的投资控制机制比较健全和有效，三峡主体工程和输变电工程的资金成本控制较好。此外，对工程建设的资金坚持实行"静态控制、动态管理"，即工程投资规模以1993年5月末价格水平计算的初步设计概算为基础，对静态投资进行有效控制；编制执行概算，按照施工计划的工程量和当年的物价以及国家公布的利率、汇率、税率等变化因素，对合同现价进行动态管理，对投资项目进行跟踪预测和风险监控，从而保证了工程静态总投资严格控制在设计概算范围之内，动态总投资有较大幅度的减少。

## 三、坚持以人为本，做好库区移民安置工作

三峡工程的移民工作，是在我国社会主义市场经济体制逐步建立和完善的历史背景下开展的。三峡移民涉及百万之众，数量之大、范围之广、情况之复杂前所未有。做好库区移民安置工作，既关系到三峡工程建设的成败，也关系到百万移民群众的切身利益。国家高度重视移民安置工作，在工程论证、规划、设计、实施的过程中，始终坚持以人为本，不仅考虑能让移民搬得出，更

重要的是考虑移民与安置区社会融合和库区长远可持续发展的问题。在具体工作中，国务院颁布了《长江三峡工程建设移民条例》，确立了三峡工程移民安置工作的法律基础；把移民安置工作放在与枢纽工程建设同等重要的位置，扎实做好移民前期工作，精心组织移民安置规划实施，严格移民安置工程验收，做到工程建设与移民安置共赢；贯彻开发性移民方针，把三峡工程移民安置与库区经济社会发展有机结合起来，在搬迁中促发展，在发展中保搬迁，着力改善库区和移民安置区基础设施和公共服务设施条件；坚持以移民安置环境容量为基础，满足移民生存与发展需要，促进移民安置与当地资源、人口、环境、生态、社会经济发展相协调；尊重移民意愿，坚持就地安置与异地安置、集中安置与分散安置、政府安置与移民自找门路安置相结合；把保障人民生命财产安全和库区水质安全作为头等大事来抓，及时开展地质灾害防治和水污染防治工作；实施移民后期扶持工作，着力改善民生，让移民群众分享工程效益；紧紧围绕移民长远生计有保障的目标，帮助移民群众解决生产生活中存在的突出困难和问题，促进库区经济社会发展，让移民群众共享改革发展成果。

为促进三峡移民工作顺利实施和库区经济社会发展，国家在 1992 年出台并实施了全国对口支援三峡工程移民工作的政策。全国 59 个部门和单位、20 个省（自治区、直辖市）、10 个大城市积极开展对口支援三峡工程库区移民安置工作。中央单位和国务院各部门大多采取规划引导，政策、项目和资金倾斜，干部挂职等方式，各省（自治区、直辖市）结合实际情况分别采取资金和物资投入、经济技术合作、人才培训和干部交流、吸收三峡库区移民到当地就业等方式，开展对口支援工作。截至 2013 年 12 月底，全国对口支援共为三峡库区引进资金 1501.50 亿元（其中，经济建设类项目资金 1449.11 亿元，社会公益类项目资金 52.39 亿元），共安排移民劳务输出 9.89 万人次，培训各类人才 5.02 万人次，干部交流 1105 人次。全国对口支援三峡工程移民工作，有力地促进了三峡工程移民安置工作和库区经济社会发展。

由于在移民工作中坚持以人为本，尊重移民的主体地位，重视和保护移民群众的根本利益与长远利益，有效保障了移民的知情权、参与权、监督权和表达权，受到了广大移民群众的拥护和支持。三峡百万移民群众舍小家、顾大家、为国家，以实际行动支持三峡工程建设，充分彰显了科学民主、团结协作、精益求精、自强不息的三峡精神。正是在三峡精神的感召下，三峡移民工程才有今天的成就，百万移民安置才有今天的稳定，库区经济社会才有今天的发展与繁荣。

## 四、坚持质量第一，建设世界一流工程

三峡工程的建设，以中央领导同志提出的"一定要把三峡工程建设成为世

界第一流的工程"为目标，高度重视质量管理。枢纽工程开工后，三峡集团公司即成立了由设计、施工、监理等参建各方质量责任人组成的质量管理委员会，颁布实施《三峡工程质量管理办法》和《三峡水利枢纽合同项目工程验收规程》，随后逐步建立起了四级质量管理体系，建立了5个质量技术测试中心，按基于国家、行业标准并高于国家、行业标准的原则，陆续制定了涵盖各专业的共111个工程质量标准。长江水利委员会长江勘测规划设计研究院作为三峡枢纽工程的设计总成单位，在施工准备阶段即专门组建了现场设计代表机构，陆续编制实施《质量保证手册》《质量体系程序文件》和《质量体系程序作业文件》等质量管理文件。为了进一步加强质量管理，三峡建委于1999年6月成立了三峡枢纽工程质量检查专家组，每年分两次赴现场对工程建设质量进行检查指导。专家组强调的"不留工程隐患是三峡工程质量的最低标准，也是三峡工程建设的最高原则"，有力地促进了全员质量教育和全面、全过程的质量管理。三峡工程实行工程稽查制度，三峡建委派出三峡工程稽查组，履行国家对重大投资项目的行政监督职能，在保证工程质量、进度和安全生产上发挥了积极作用。在工程建设第二阶段的施工高峰期，三峡集团公司提出了"双零"目标的质量安全管理理念，即"以零质量缺陷实现零质量事故，以零安全违章保证零安全事故"。在工程建设第三阶段中，三峡集团公司又特别强调质量管理要消灭"质量顽症"，坚持"慎终如始"，从而使工程质量始终处于受控状态，施工过程中发生的质量问题都得到了认真处理。

三峡输变电工程的建设，在开工时就确立了"国内领先、国际一流"的质量目标，重视优质工程策划，注重安全质量的过程管理，确保工程建设环境达标，使各级质量管理体系迅速建立并有效运转。建设中全面推行施工监理制度和设备监造制度，严格执行设备出厂试验、检查和验收的质检程序。工程全面达标投产，并顺利通过国务院验收，92个单项工程中有7项获国家优质工程奖，11项获中国电力优质工程奖。

三峡工程移民安置，满足了提前实施175m水位试验性蓄水的要求，已通过国务院组织的阶段性验收。总的来看，移民工程质量良好，为移民生产生活水平的恢复、提高和库区的社会稳定创造了良好条件。

在三峡工程的各个阶段建设任务和地下电站建设完成后，国务院三峡工程验收委员会都及时组织了严格的阶段性验收。

总之，三峡工程由于切实贯彻了"质量第一"的方针，不仅顺利建成了当今世界上规模最大的水利工程，还培养出了一大批有较强质量意识和质量管理经验的建设管理队伍、设计队伍、监理队伍和施工队伍，对于我国水利水电建设的技术进步和质量管理有着重要的意义。

## 五、坚持科技创新，不断提高工程建设的科技水平

工程论证时曾强调指出三峡工程是世界上迄今规模最大的水利工程，在科学技术上将面临严峻的挑战。工程开工后，在国家有关部门的大力支持下，继续组织科技攻关，大力开展科技创新，在枢纽工程设计、施工和机电设备制造、电网建设等方面，取得了丰硕的创新性成果。

据不完全统计，仅在枢纽工程建设中就有 17 个科技项目获得国家级科技奖，43 个科技项目获得省部级和全国性专业学会的科技成果奖，各种发明专利达 700 余项。这些科技创新成果不仅为工程的顺利建设提供了技术保障，而且使我国水利水电建设的科技水平上了一个很大的台阶。在三峡工程的科技创新成果中，既有参建单位发挥自身研发能力的自主创新成果，如"超高水深、大流量截流和混凝土防渗墙施工技术""双线五级衬砌式船闸直立墙深槽开挖变形控制技术""高水头船闸水力学关键技术""水库有效库容长期保持技术"等；也有引进国外先进技术再创新的重大成果，如"70 万 kW 大型水轮机组""三峡工程管理信息系统""三峡电力系统动模仿真研究和全过程数字化电网技术"等；还有综合吸取国内外先进技术和经验的集成创新成果，如"大坝混凝土快速施工技术""变电站综合自动化技术"等。其中的引进再创新，把开放市场、引进技术与自主创新有机地结合起来，被称为"三峡模式"，使我国水轮发电机组的设计制造实现了从 320MW 机组到 700MW 机组的跨越；哈尔滨电机厂有限责任公司自主设计制造的全空冷水轮发电机，东方电气集团有限公司与中国科学院电工研究所合作研制的定子蒸发冷却水轮发电机，均具有自主知识产权，实现了冷却技术的突破，使我国巨型水电机组冷却技术达到了世界领先水平。"三峡模式"大大加快了我国重大水电装备国产化的进程，继而通过不断优化创新，陆续实现了单机容量 770MW、850MW 大型混流式机组的自主研制和工程应用，单机容量 1000MW 的混流式机组研究工作也已全面完成即将进入工程应用阶段。目前，我国在大型混流式机组主机方面的研制水平已经位居世界前列，水轮发电机组主机设备总体研制水平达到世界先进水平。我国的输变电技术装备水平和电网建设水平也得到了全面的提升。在超高压直流输电方面，设备国产化率逐步提高，三常（三峡—常州，2003 年投运）的国产化率约为 30%、三广（三峡—广州，2004 年投运）的国产化率约为 50%、三沪（三峡—上海，2007 年投运）的国产化率约为 70%，三沪Ⅱ回工程（2011 年投运）的国产化率达到了 100%，国内企业已完全掌握了 ±500kV 直流输电工程设计及关键设备的制造技术，并在此基础上自主创新，攻克了 ±800kV 直流特高压输电工程关键技术。在交流输电的控制仿真、交流设备、

工程设计、调度通信与生产运行技术方面，多个项目不但填补了国内空白，而且与国外同类项目比较，技术水平位居世界前列。

三峡工程在科技创新上的成功探索和实践，对于研究总结我国在改革开放新的历史条件下如何发扬自力更生精神和重大装备自主创新研发和建设，有着重要的借鉴意义。

## 六、坚持与时俱进，在建设中深化对重点难点问题的认识并及时采取改进措施

1992年3月，国务院领导在向第七届全国人民代表大会第五次会议作议案说明时，就曾明确要求："三峡工程规模巨大，技术复杂，对已发现的问题，要继续深入研究。在今后的工作中还会有这样或那样的技术问题，都必须高度重视，认真对待，使工程建设更加稳妥可靠、经济合理"。工程论证中强调指出，三峡工程建设中的重大问题是移民安置问题和生态环境问题；技术上的难点问题是泥沙问题。这些问题具有很强的社会性、时效性和不确定性，而三峡工程的建设周期长，建设期又处于我国经济社会发展的转型期，只有坚持与时俱进，能动地去适应工程建设的大环境，才能有效地解决这些重点难点问题，从而推进工程的顺利建设。

三峡工程开工后，在三峡建委的领导和组织协调下，中央各有关部门、相关省（直辖市）和三峡集团公司、国家电网公司坚持与时俱进，不断深化对这些问题的认识，在贯彻落实论证意见的过程中，及时予以补充、改进和完善。例如，针对三峡泥沙问题的复杂性和重要性，保留了工程论证时成立的泥沙专家组，结合监测工作进行跟踪和深化泥沙研究。泥沙专家组在原型观测技术、监测成果分析、蓄水时机论证等方面做了卓有成效的工作，提出了一系列富有建设性的建议。在移民安置工作中，为有效减轻库区环境容量的压力，1999年及时采取了"两个调整"的重大措施，加大了库区农村移民外迁和搬迁工矿企业结构调整的力度，为三峡水库按时实施分期蓄水创造了基本条件。为统一协调和推进库区的地质灾害防治工作，2001年成立了地质灾害防治工作领导小组，要求对库区急需治理的地质灾害做到快调查、快规划、快立项、快审批、快实施，并安排专项资金用于地质灾害防治项目。与此同时，也进一步加强了水污染防治工作，成立三峡库区水污染防治领导小组，陆续安排专项资金用于库区沿江城镇污水处理和垃圾处理。在输变电工程建设中，根据电力市场的变化和"西电东送"的实施，及时将供电范围由论证时初步确定的华中、华东和川东（现重庆），调整为华中、华东和广东，于2001年增加了三峡至广东的直流输电工程。

三峡工程在论证、可行性研究和初步设计阶段，规定其综合利用的功能为防洪、发电和航运三大功能，没有考虑其在水资源配置和水环境保护方面的功能。但是随着经济社会的发展，水资源保障和水安全问题日益凸显。2008年开始试验性蓄水后，立即着手研究水库优化调度问题，将水资源调度即对长江中下游的补水调度首先提上了议事日程。2009年10月水利部经与相关部委协调并报国务院批准，出台了《三峡水库优化调度方案（2009）》，在调度目标中明确规定"利用三峡水库的调节能力，合理调配水资源，努力保障水库上下游饮水安全，改善下游地区枯水时段的供水条件，维系优良生态"。此后，每年枯水季节，三峡水库都对下游进行200多亿 $m^3$ 的补水调度，平均增加干流水深0.8m，为保证长江中下游生产、生活、生态用水发挥了重要作用。此外，三峡水库还开展了促进鱼类繁殖调度、汛期沙峰调度、库尾减淤调度的试验研究，为进一步拓展三峡工程效益进行了有益的探索。

2011年5月，国务院常务会议讨论通过了《三峡后续工作规划》，同年6月批复了该规划。三峡后续工作是国务院在三峡工程建设任务完成以后，为支援库区经济社会发展，确保地质安全、环境安全、移民安稳致富，有效处理由于三峡工程运行产生的有关影响等问题的一种特殊安排。这是迄今为止，我国在工程建设任务完成后批准实施的第一个后续规划，是中央的重大战略决策，其成效正在逐步显现。

在三峡工程的建设中，正是由于坚持与时俱进，高度重视对重点和难点问题的深化认识和妥善解决，从而保证了按建设方案分期蓄水和电力全部安全外送目标的顺利实施。

# 第 四 章

# 对社会公众关心的若干问题的说明

三峡工程是一个举世瞩目的工程。尽管工程已经顺利建成并发挥效益，但它的利弊问题仍为社会所广为关注。在本次评估中，结合各课题组的评估意见，本着实事求是的科学态度，对社会关注的一些热点问题作了认真的分析。

## 一、关于三峡水库的有效库容能否长期保持的问题

三峡水库的有效库容，指的是正常蓄水位175m至防洪限制水位145m之间的防洪库容，以及175m水位至枯水期最大消落水位155m之间的兴利调节库容。在工程论证阶段，按照年均入库来沙量4.9亿t（寸滩站＋武隆站）和宜昌站年均输沙量5.3亿t，以及上游未建库的条件，采用水沙数学模型进行计算，结论是采用"蓄清排浑"的调度运行方式，在三峡水库运用100年达到冲淤平衡后，防洪库容可以保持86%，兴利调节库容可以保持92%。但是近20年来，由于上游水库拦沙、水土保持、降水减少和河道采砂等作用，特别是在上游金沙江、嘉陵江等干支流上修建了一系列水库后，三峡入库多年平均年输沙量减少到不足2亿t，2013年仅为1.22亿t，未来入库沙量还仍将维持在较低水平，因而三峡水库泥沙达到冲淤平衡的年限将会大大延长。2003年三峡水库蓄水以来，库区多年平均年淤积泥沙仅1.39亿t，约为论证阶段预测的40%，且淤积主要分布在145m汛限水位以下，145m以上有效库容仅损失约0.68%。因此，关于有效库容能否长期保持的问题，实际情况更好于当年论证结论。换言之，三峡水库不可能成为"第二个三门峡"。

## 二、关于三峡水库运用对坝下游河道的冲刷问题

2003年三峡水库蓄水后，由于水库清水下泄，坝下游河道出现冲刷。三峡水库自2003年蓄水至2013年，坝下游河道沿程冲刷已至湖口，多年平均年冲刷强度为11.5万 $m^3/(km \cdot a)$；冲刷相对集中的是宜昌至城陵矶河段，多

年平均年冲刷强度为 18.8 万 m³/(km·a)。长江中下游河道冲刷发展的速度较快，范围较大，其原因是入库和出库的沙量都有大幅度的减少，水流挟沙能力加大，也与河道非法采砂活动有关。坝下游河道冲刷虽然导致河床演变与调整，但长江中下游河道的河势总体稳定。

坝下游河道冲刷的影响有利有弊。在防洪方面，有利的影响是河床冲深后同流量下的水位有所下降，因而有利于河道行洪；不利的影响是近岸河床明显冲深后，护岸工程下部的岸坡变陡，堤防"崩岸"的现象有所增多，增加了汛期抢护和汛后加固的工作量。在江湖关系方面，有利的影响是入湖泥沙显著减少，从而减缓通江湖泊特别是洞庭湖的淤积和萎缩；不利的影响是在三峡水库蓄水期，下泄流量减小，下游河道水位降低，与蓄水前相比，通江湖泊出流加快，提前进入枯水期，从而影响湖区的水资源利用，这在鄱阳湖和洞庭湖都较为明显。在对长江口的影响方面，有利的影响是通过水库调节后枯期流量有所增加，从而减小咸潮上溯的概率；不利的影响是入海泥沙减少，将使滩涂围垦造地减缓。在航运方面，有利的影响是枯水期下泄流量增加，有利于加大航道水深；不利的影响是清水下泄导致河床下切，宜昌枯水位持续下降，通过流量补偿保证葛洲坝枢纽设计最低通航水位的难度加大，以及中游航槽以外区域的冲刷和滩槽格局的调整引起部分河道通航条件变差。

坝下游河道清水冲刷的影响具有累积性和不确定性，达到新的冲淤平衡将有一个过程。目前已经显现的不利影响首先是堤防的"崩岸"问题，其次是江湖关系问题和航道影响问题。据统计，自 2003 年蓄水以来坝下游干流总计发生崩岸 698 处，崩岸总长度为 521.4km，大部分仍位于蓄水前的原崩岸段和险工段，但湖北咸宁、黄冈和江西九江等地崩岸有加剧趋势。崩岸发生后，经过抢护和加固，岸坡总体稳定。加之三峡水库汛期的削峰调度，汛期最大下泄流量控制在 45000m³/s 以下，坝下游河道未经历大的洪水考验，因此未因河道冲刷而发生重大险情。至于江湖关系问题，有关部门已在积极开展研究，可以通过适当的工程措施以尽可能消除或减少其不利影响。关于航道条件问题，将通过落实长江经济带发展战略，实施航道整治工程，优化水库调度，加强航道疏浚和维护，进一步改善航道条件，适应沿江经济社会发展对航运的需求。

## 三、关于三峡水库蓄水诱发地震的问题

社会公众对三峡水库蓄水与地震的关系，关心的主要是两个方面的问题：一是三峡水库蓄水是否诱发了水库地震；二是三峡水库蓄水是否与 2008 年"5·12"汶川地震有关。此外，也有人担心齐岳山断裂可能因三峡水库蓄水而被激活。

三峡工程在论证时就已经对与水库蓄水有关的水库地震作了预测，指出有可能诱发较强水库地震的库段为庙河—白帝城库段，最大震级为 $M5.5$。三峡水库蓄水后，诱发的地震绝大部分为 $M3$ 震级以下的非构造成因的微震和极微震，只有 4 次 $M4$ 以上的地震，最大为 $M5.1$，未超出论证阶段预测的最大震级（$M5.5$）。今后随着库水对库区地壳应力场等的影响逐步减小，三峡库区虽然仍可能会发生高频次的微小地震，但强度会逐渐降低，最大震级不会超出三峡工程前期论证的研究结论。

2008 年发生"5·12"汶川地震的龙门山构造带与三峡水库所在的上扬子台褶带，分属于不同的两个大地构造单元，两者所处的区域构造条件和活动特点截然不同，其间尚有构造稳定性很高的四川台坳（四川盆地）相隔，完全没有构造上的联系，而且三峡水库的库水与龙门山构造带不存在任何的水力联系，因此"5·12"汶川地震的发生与三峡水库的蓄水没有关系。

齐岳山断裂与三峡坝址的最近距离约 110km，是在印支-燕山期由基底断裂发展起来的区域性断裂构造。在三峡工程区域构造稳定性研究中，对齐岳山断裂的专题研究表明，晚更新世以来没有明显活动，历史上没有发生过强震的记载。水库蓄水以来，库区所记录到的大量微震，基本不在该断裂带所涉及的区域内。因此，齐岳山断裂不可能被三峡工程蓄水激活而发生强烈地震。

## 四、关于川渝极端天气气候事件是否与三峡水库蓄水有关的问题

2006 年川渝出现罕见的高温伏旱，2007 年重庆遭遇特大暴雨，2009 年和 2010 年西南地区发生秋冬春连旱，于是社会上有人质疑这些极端天气气候事件是否与三峡水库蓄水有关。

从目前的综合观测和数值模拟结果分析，现阶段三峡工程蓄水对库区周边的天气气候影响范围约在 20km 以内。近年来三峡库区及其邻近地区出现极端天气气候事件，与我国其他地区发生的极端天气气候事件一样，是大气环流和大气下垫面热力的异常所致，而海洋温度和青藏高原积雪的变化又是导致大气环流和大气下垫面热力异常的主要因素。三峡水库无论是它的面积还是容量，与周边海洋、青藏高原相比都不是一个量级，只可能对库周局部气候有微小影响，而不可能改变整个库区以至川渝地区大范围的气候。

## 五、关于长江口咸潮上溯是否与三峡水库蓄水有关的问题

咸潮上溯也叫海水入侵，是河口的自然水文现象。三峡水库虽然有 393.0 亿 $m^3$ 的库容（175m 水位以下），但相对于长江宜昌站的年径流量来说，它只是个季调节水库。也就是说，三峡水库的运用对长江口的年入海水量影响不

大，主要是对水量的年内分配有一定影响。长江口的咸潮上溯，一般发生在每年 11 月至次年 4 月，这时三峡水库恰恰是在进行兴利调度，其下泄的流量大于天然流量，故对于抑制咸潮上溯是有利的。但是每年的 9 月中旬至 10 月，三峡水库处于蓄水期，其下泄流量小于天然来水，故也有可能会使咸潮上溯有所提前。正因为如此，在工程论证时对此的结论是"修建三峡水库对长江口盐水入侵有利有弊，但影响不大"。根据 1959—2013 年资料统计分析，三峡水库试验性蓄水以来，大通站 12 月至次年 3 月流量大于 10000m³/s 的保证率由天然状态的 66.9% 提高到 93.8%。在三峡水库蓄水运用后，如果长江口出现严重的咸潮入侵，三峡水库还可以启动应急调度，增加下泄流量，减少咸潮入侵的危害。例如 2014 年 2 月 19 日，长江口出现咸潮上溯影响供水水质，三峡水库就启动了"压咸潮"的应急调度，在补水流量 6000m³/s 的基础上再增加 1000m³/s 流量下泄。因此，对于遏制长江口的咸潮上溯来说，兴建三峡工程利大于弊。

## 六、关于三峡工程建设和蓄水与地质灾害关系的问题

三峡库区在历史上就是地质灾害多发区。例如，1982 年 7 月 17 日重庆市云阳县的鸡扒子滑坡，就在长江干流上形成了 600m 长的急流险滩。1985 年 6 月 12 日湖北省秭归县的新滩滑坡，摧毁了新滩千年古镇，造成了长江断航一周。一般水库在蓄水后，都普遍会引发涉水部位的岩（土）体发生崩坍、滑坡等，称为"库岸再造"现象，只是由于地质条件差别和有无预防治理在灾害程度上有所不同而已。三峡水库于 2003 年开始蓄水 135m 水位前，就已经按照二期规划进行了涉水崩塌、滑坡体的治理。2003 年以后，又根据蓄水 156m 水位和 175m 水位的要求，按照三期规划进行了治理。这两期治理共搬迁避让项目 646 处，设立专业监测点 254 处和群测群防监测点 2859 处，在移民迁建区实施高切坡治理 2874 处，保护了 79 座涉水城镇的库岸稳定，消除了 243 处滑坡下滑入江成灾的隐患，从而将地质灾害的损失降低到了最低。所以应该说三峡库区地质条件复杂，库岸再造现象剧烈，但是由于做到了科学防治，取得了良好的减灾防灾效果。

## 七、关于三峡工程对珍稀濒危物种影响的问题

当前社会上有人担心三峡水库蓄水后，会影响生物的多样性，一批珍稀濒危物种将面临灭绝的危险。

现有调查研究表明，三峡库区 3 个受关注的珍稀濒危植物物种是疏花水柏枝、荷叶铁线蕨和川明参。对于疏花水柏枝与荷叶铁线蕨而言，三峡水库淹没

了 175m 高程以下的原产地，破坏了其野生生境和种质资源，同时水库移民后靠安置威胁到海拔较高处的荷叶铁线蕨。川明参分布在库区 80～380m 高程范围内，水库淹没虽然会毁掉一定数量的川明参植株，但不会使整个库区野生的川明参灭绝。为了防止这些备受关注的珍稀濒危物种灭绝，在三峡工程建设的同时，投资建立了多个动植物敏感保护点和保护区，疏花水柏枝、荷叶铁线蕨和川明参等在秭归泗溪生态保护区引种栽培，大老岭国家森林公园移植了光叶梧桐、连香树等 25 种珍稀树种和延龄草、马蹄香等 11 种矮小草本珍稀植物，主要珍稀植物和古树木得到就地或迁地保护，保存了库区具有重要经济和生态价值的基因资源和重要栖息地。此外，天然林保护和退耕还林工程也对三峡库区陆生动植物栖息地保护和恢复发挥了重要作用。

水库建设与蓄水对水生生物影响明显。分布于三峡库区的长江上游特有鱼类资源量明显减少，一些种类已经成为偶见种。长江中游"四大家鱼"繁殖时间推后，规模下降。以中华鲟为代表的珍稀水生生物保护面临严峻形势。但是三峡工程不是唯一的影响因素，甚至有些情况下不是主导因素。长江珍稀水生生物也面临过度捕捞造成的鱼类资源减少，以及江湖阻隔、采砂和航运等多种人类活动的威胁。白鲟已经十余年不见踪迹；达氏鲟种群数量非常少，物种灭绝风险很高；胭脂鱼在长江有一定的种群，但规模很小。白鱀豚已经功能性灭绝，江豚仅剩 1000 余头。尽管目前通过建立自然保护区，对中华鲟、达氏鲟和胭脂鱼等实施增殖放流，对江豚实施迁地保护等保护措施，在一定程度上缓解了长江水生生物多样性面临的威胁，但由于三峡工程建设对长江水生生物多样性的影响是长期的，故需要进一步加强对长江生态系统和珍稀濒危水生动物的监测与保护，特别是要加强对中华鲟的物种保护，例如采取促进中华鲟繁殖的调度试验等措施，以避免珍稀物种的灭绝。

## 八、关于三峡水库蓄水后的长江水质问题

三峡水库蓄水后，对长江的水质有无影响，是社会公众关注的热点问题之一。1991 年提出的《长江三峡水利枢纽环境影响报告书》，对此的结论是"建库后，库区水体流速减缓，复氧和扩散能力下降，将加重局部水域污染"。三峡工程开工以来，就同步开展了水污染防治工作。三峡库区及其上游环境治理工程项目的数量，由"十五"期间的 335 个增加到"十二五"期间的 1008 个，项目规划投资由"十五"期间的 232.7 亿元增加到"十二五"期间的 458.1 亿元，分别增加 200％ 和 96.9％。

本次评估对长江水质的评价是：三峡以下的长江中下游整体水质在蓄水前后无明显变化，总体稳定在Ⅱ类、Ⅲ类。三峡以上库区干流的水质良好，主要

国控断面（重庆朱沱、重庆寸滩、涪陵清溪场、万州晒网坝、巫山培石）监测数据表明，大部分水质稳定在Ⅱ～Ⅲ类；库区一级支流水质与干流水质基本一致，但在其上游的回水区由于流速变缓而出现富营养化现象，2013年富营养化断面占比达32.5%，导致一些支流在每年4—6月出现水华暴发现象。由此可见，由于加强了水污染防治工作，在库区及其上游的经济社会处于快速发展的情况下，仍然保持了长江水质的稳定，但同时必须看到水污染防治仍然面临严峻的形势，必须通过实施《三峡后续工作规划》《长江经济带生态环境保护规划》等有关规划，持续加大环境治理和保护力度，进一步改善水库特别是支流、库湾的水质，遏制水华频发现象。

## 九、关于三峡水库"蓄清排浑"运用方式与防洪作用是否存在矛盾的问题

三峡上游的来水量和来沙量在年内分配是不均匀的，汛期的来沙量占全年的70%以上。为了使三峡水库既能发挥防洪效益，又能长期保留有效库容，在工程论证和初步设计中都规定了水库采取"蓄清排浑"的运用方式，即在来沙量多的汛期使水库在较低的防洪限制水位145m运行，以尽可能多地排出泥沙，而在来沙量少的汛末开始逐步蓄水至较高的正常蓄水位175m，实行兴利运用。在汛期，如果遇到大洪水，水库就要利用防洪限制水位以上的防洪库容拦洪削峰，这就不可避免地要增加水库的泥沙淤积，但这是小概率事件，且在洪峰过后随着水位的回落仍可加大排沙。对于三峡水库来说，由于它是河道型水库，更有利于水库排沙。在工程论证时，已有明确结论，即使采用不利的水沙系列分析，通过水沙数学模型计算，三峡水库的有效库容仍可以长期保持。三峡水库蓄水以来，由于上游水库拦沙、水土保持、河道采砂等作用，入库泥沙量已大幅减少，达到冲淤平衡的时限将大大延长。因此，三峡水库采用"蓄清排浑"的运用方式，不仅与防洪作用没有矛盾，而且恰恰是保证其长期发挥防洪效益的必要条件。

## 十、关于三峡水库推移质泥沙是否会堵塞重庆港的问题

河流中泥沙运动分为推移质和悬移质两种，推移质又分为沙质推移质和砾卵石推移质。河道上修建水库后，推移质因其颗粒较粗，容易在库尾沉积，发生所谓的水库"翘尾巴"现象。有学者根据长江支流的推移质运动情况，认为重庆以上长江的推移质量约有1亿t，三峡成库后入库形成的"翘尾巴"淤积不仅短期内就会阻塞航道，破坏重庆港，而且还要抬升洪水位，加重洪水灾害，以致淹没江津、合川等地。但是勘测设计单位根据对川江砾卵石推移质的

调查、测验、试验和研究成果，认为川江砾卵石推移质的数量并不大，论证阶段朱沱站和寸滩站实测年均砾卵石推移质输沙量分别仅为 32.8 万 t 和 27.7 万 t。

葛洲坝水库自 1988 年蓄水至三峡工程于 2003 年开始围堰挡水发电，坝前一直没有观测到推移质堆积的现象。其主要原因是虽然长江上游金沙江和支流河道的推移质储量较大，但长江干流河道比降小于支流河道比降，干流砾卵石推移质输沙能力减弱，大颗粒砾卵石推移质沿程沉积，导致推移质数量不断衰减，推移质粒径不断细化。自 20 世纪 90 年代以来，进入三峡的实测沙质推移质和砾卵石推移质泥沙数量总体都呈下降趋势。如寸滩站 1991—2002 年年均沙质推移质和砾卵石推移质输沙量分别为 25.83 万 t 和 15.4 万 t。

三峡水库蓄水后的 2003—2013 年，实测年均沙质推移质和砾卵石推移质输沙量仅为 1.47 万 t 和 4.36 万 t，比 1991—2002 年减少了 94％和 72％。三峡入库推移质输沙量大幅减小，主要与上游水库拦沙、水土保持及河道采砂增多等因素有关。局部江段的少量推移质淤积，可以通过正常的航道维护和水库调度加以解决。因此，三峡工程的修建不会出现堵塞重庆港和加重重庆以上洪水灾害的问题。

三峡水库蓄水 11 年来，通过加强观测、及时疏浚和管理，重庆港各港区均未出现因泥沙淤积而影响港口正常运行的情况。2013 年重庆港完成货物吞吐量 1.37 亿 t，其中集装箱吞吐量达 90.58 万 TEU（国际标准箱），成为西部地区重要的枢纽港。

## 十一、关于三峡工程的投资控制是否有效的问题

1992 年 3 月，国务院在向第七届全国人民代表大会第五次会议提请审议兴建长江三峡工程的议案时，指出"工程静态总投资 570 亿元（1990 年价格）"。2013 年工程竣工决算的动态总投资为 2072.76 亿元，两者相差 3.6 倍。社会关注三峡工程的投资是否得到了严格控制。

三峡工程的投资分析和控制，在可研阶段有投资估算，在初步设计阶段有设计概算，在施工阶段有执行概算。初步设计阶段的设计概算又区分为静态投资和动态投资。静态投资是按照概算编制时的价格水平计算的工程造价。动态投资系在静态投资的基础上加上价差预备费和建设期贷款利息。静态投资的变化，首先与价格水平年有关，同时还与规划、设计内容的调整和国家相关政策的变化有关。动态投资的变化，除与静态投资直接有关外，还与物价涨幅、贷款利率变化等有关。因此，静态投资和动态投资既有联系又有区别，不能简单地加以比较。

　　国务院向第七届全国人民代表大会第五次会议提交的议案中，"静态总投资 570 亿元"（系 569.02 亿元取整），为可研阶段基于 1990 年价格水平的投资估算。如果折算成 1993 年可比价，则为 909.29 亿元，其中主体工程投资（枢纽工程＋移民工程）为 770.94 亿元。1992 年 12 月，长江水利委员会编制了《长江三峡水利枢纽初步设计报告（枢纽工程）》，提出的静态投资为 750.74 亿元（1992 年价），如果也折算成 1993 年可比价，投资额为 949.87 亿元，其中主体工程（枢纽工程＋移民工程）投资为 784.12 亿元。由此可见，由于提交的初设与可研相比在设计内容上变化不大，因而在折算成同一价格水平后，静态投资的变化也是不大的。

　　三峡建委于 1993 年批准枢纽工程初步设计概算静态投资为 500.90 亿元（1993 年 5 月末价格），此后枢纽工程的建设一直以此控制静态投资。1995—2007 年，在初步设计报告的基础上，三峡建委根据经济社会发展出现的新情况，对移民工程和输变电工程的规划和政策进行了若干次调整，最终确定整个三峡工程的静态投资额为 1352.66 亿元（1993 年 5 月末价格水平）。在同样的 1993 年 5 月末的价格水平下，比 1992 年提请全国人大审议的静态投资增加了 443.37 亿元，增幅为 49％。其中枢纽工程增幅很小（5％），移民工程增幅较大（34％），输变电工程增幅最大（133％）。静态投资的增加，主要是设计变更和政策性变化。枢纽工程方面，主要变化是电站的总装机规模由 17680MW 增加到 18200MW，增加了茅坪溪防护坝工程和地下电站进水口预建工程。移民工程方面，主要变化是增加了库区移民规划调整投资 79.51 亿元和政策性调整 49.51 亿元。输变电工程方面，主要变化是扩大了三峡电站的供电范围，增加了向广东送电的直流工程，并考虑到全国联网的需要，增加静态投资 191.74 亿元。很显然，设计上的这些调整，特别是增加移民安置工程的投入和加强全国电网联网工程的建设，是必要的，也是合理的。

　　经审计署的竣工决算审计，三峡工程（未含地下电站及其配套的输变电后续项目）实际完成的静态投资为 1352.66 亿元（1993 年 5 月末价格水平），与三峡建委批准的静态概算相符。地下电站及其配套的输变电后续项目的实际完成的静态投资，也控制在设计的静态投资概算之内。因此，三峡工程的静态投资控制是有效的。

　　1994 年三峡建委批准的三峡工程（未含地下电站）的主体工程（枢纽工程＋移民工程）测算动态投资为 2039.50 亿元。1997 年三峡建委批准的配套工程（输变电工程，未含与地下电站配套的后续项目）测算动态投资为 589.42 亿元，合计预测的总动态投资为 2628.92 亿元。经审计署审定的竣工财务决算，实际投入的动态投资为 2072.76 亿元，比批准的动态投资减少 556.16 亿元。如果在预测动态投资时，将 1995—2007 年移民工程和输变电工程的概算调整亦加以考虑，那么实际投入的动态投资将会比预测的动态投资减少得更多。

综上所述，三峡工程规模大，涉及面广，建设期长，在建设过程中静态投资有所调整，增加较多的是移民安置工程和加强全国电网联网建设，这是必要的，也是合理的。在建设过程中静态投资得到了有效控制。得益于工程建设期间良好的国内宏观经济环境和"静态控制、动态管理"的投资管理模式，实际投入的动态投资比预测的动态投资有较大幅度的减少。因此，三峡工程的概算不是"钓鱼概算"。

## 十二、关于三峡工程开始全面发挥效益和实施后续工作规划的关系问题

当前社会上有人对于三峡工程既然已经开始全面发挥效益，为什么还要实施《三峡后续工作规划》，感到不好理解；有人甚至将两者对立起来，认为"终于承认三峡工程出问题"。这种理解是片面的。《三峡后续工作规划》是国务院在三峡工程建设任务完成以后，针对三峡库区地质及生态环境脆弱、经济发展和居民生活落后于全国平均水平的现状，为支援三峡库区经济社会发展，确保地质安全、环境安全、移民安稳致富，有效处理由于三峡工程运行产生的有关影响等问题的一种特殊安排。这些问题有的在论证设计中已经预见但需要在运行后加以解决，有的在工程建设期已经认识到但受当时条件限制难以有效解决，有的是随着经济社会发展而提出的新要求。中国工程院在 2009 年 7 月完成的《三峡工程论证及可行性研究结论的阶段性评估报告》中，就已经建议将"三峡水库及其支流的水质问题""三峡库区的移民安置和经济社会发展问题"和"库区地质灾害问题"，列为需要特别予以重视的问题。因此，出台和实施《三峡后续工作规划》，对于确保三峡工程长期安全运行和持续发挥综合效益，提升其服务国民经济和社会发展能力，更好更多地造福广大人民群众，意义重大。

《三峡后续工作规划》实施以来，在推动库区发展、维护移民稳定，确保生态安全、地质安全、防洪安全和工程运行等方面发挥了重要促进作用。2014年年底，根据形势的发展变化和规划的实施情况，国务院又批准了后续工作规划优化完善意见，按照原规划总体目标和主要任务不变、投资总规模不变的原则，进一步优化投资方向，突出重点加强水污染防治和库周生态安全带、城镇功能完善和城镇安全防护带、重大地质灾害治理和地质安全防护带、城镇移民小区综合帮扶等"三带一区"建设、崩岸治理和河势控制，为库区经济社会可持续发展奠定坚实基础，保护国家重要淡水资源库生态安全，为长江经济带建设提供支撑。

# 第　五　章

# 对下一步工作的建议

根据本次评估的结论，三峡工程经过十多年试运行已经达到了 1993 年由三峡建委审批的《长江三峡水利枢纽初步设计报告》的各项功能指标。为适应长江经济带的发展，充分发挥和拓展三峡工程的综合效益，对今后的工作提出如下建议：

## 一、加强长江水系的生态环境管理，保护长江优质水源

长江水系流域面积达 180 万 $km^2$，养育了我国 1/3 的人口，年入海径流量达 9500 亿 $m^3$，是我国重要的淡水资源地区。建立有效的生态屏障，保护长江优质水源，具有重要的战略意义。

三峡水库控制了约 100 万 $km^2$ 的流域面积和 4510 亿 $m^3$ 的多年平均年径流量，三峡大坝的建成，为进一步调控长江水系生态，保护长江水质提供了监管契机。同时，经过各方努力，三峡库区和长江干流水质良好，但潜在的污染累计威胁还很大。一切水质污染物不论是固体或液体物质都来自河流水域和两岸陆地。当前每年漂浮到三峡大坝坝前的固体垃圾近 10 万 $m^3$，每年向长江排放的污水达 56 亿 t，是对长江水质保护的严重威胁。为此，要健全和完善保护长江水质的法律法规，建立协同高效的管理体制，严格强化执法力度，建设现代化的监控设施，加强库区水土保持，推广高效生态农业技术，防治农村面源污染，控制城镇污染源头和排放总量，以尽快实现《长江流域综合规划（2012—2030 年）》规定的宜昌断面达到 II 类水质的目标。

## 二、准确定位库区经济发展模式和规模，促进库区可持续发展

三峡库区属于山地丘陵峡谷地带，没有大片的平原，土地资源贫瘠，环境容量极其有限。因此，库区的经济社会发展必须走一条与自然和谐相处、长治久安、可持续发展的道路。三峡库区移民安置工程已经完成，经过移民工程的

建设，库区的环境容量有所扩大，居民的生活条件得到了大幅改善，现代化的城镇已具规模，但有些地区已经出现过度、无序、盲目开发的现象。库区的经济社会发展不宜照搬平原地区和大城市的发展模式，应遵循科学发展观，建设具有三峡库区特色的发展模式。要控制人口增长，加大教育投入，培养人才，提高人口素质，鼓励人口外迁；发展科技含量高的精密加工制造业；利用山清水秀的景观资源发展旅游业；利用有限的土地资源发展高附加值的林果、中草药种植等特色精细农业。加快制定三峡水库管理法规，推动依法管库，严禁沿岸高楼建设，严禁发展高污染的重化工产业，严禁网箱养鱼，努力把三峡库区建设成生态优良、环境优美、特色产业发达、旅游业兴旺、社会和谐的特色地区，保护好闻名于世的"三峡风光"这一中华民族永远的财富。

水坝建设和航运发展改变了鱼类的自然生存环境，加之人工捕捞作业的增加，长江流域渔业产量逐年减少。应加大投入建设鱼类保育站和鱼苗繁育场，定期通过人工繁育向库区投放生态鱼苗，既可保护水库水质又可提高渔业产量。

### 三、建立完善统一的水库调度机制，提高科学调度水平

当前，三峡工程及以上长江干支流已初步形成梯级水库群，并在进一步建设中，这为最大限度地利用好长江水资源奠定了基础。然而，每一个梯级水库都有各自的防洪、抗旱补水的使命，又有发电、通航、生态、渔业等方面的需求。对长江流域水资源进行科学调控，最大限度减轻长江流域洪旱灾害、改善水生态环境和充分利用水资源，对保障我国水安全，支撑国家可持续发展和中华民族伟大复兴具有举足轻重的作用。

由于长江流域涉及范围之大、工程之多、问题之复杂在世界范围内前所未有，加之梯级水库调度涉及不同地区、不同部门、不同企业的利益分配，是一个非常复杂的系统工程。要利用好长江宝贵的水资源，就必须建立科学和统一的水资源调度机制，统筹兼顾全流域的水资源调度，按照加强生态文明建设的要求，建立面向生态的三峡水库综合调度体系，将生态的理念贯穿在防洪、发电、航运和水资源的调度运用当中，维持健康长江。

为此建议：一方面需要在国家层面由主管江河水利的行政部门牵头，成立统一的调度机构；另一方面要利用现代的监测和信息技术建立完整的监测数据系统，提高全流域的气象预报和分段水情预报的预见期和精准度，加强三峡水库与长江中上游干支流水库群联合优化调度方案的研究，建设智慧三峡和智慧长江，实现长江水资源利用效益的最大化。

### 四、加强枢纽建筑物和库区地质地震监测及地质灾害防治的常态化管理

坚持并实现对三峡工程枢纽建筑物及库区的地质地震进行长期监测、积累数据并及时分析，继续加强库岸再造过程中地质灾害防治和预警工作。监测设备应随着技术的进步不断更新，确保三峡工程全生命周期的安全稳定运行、枢纽建筑物及设备的良好运行状态。

### 五、统筹规划、科学调度、多措并举，充分发挥三峡河段通航能力

三峡工程的建成从根本上改善了长江三峡库区的通航条件，促进了长江中上游航运事业的发展。三峡工程建设前，三峡河段因其峡谷航道特性和物流量不足的原因，年最高货运量仅为 1800 万 t/a（双向）。三峡工程论证和初步设计的通航能力为单向 5000 万 t/a，预计出现在 2030 年前后。而实际情况是，随着我国西部经济和重庆等城市经济社会的快速发展，三峡河段在 2011 年就已达到单向 5534 万 t（上行）、双向 1 亿 t 的货运量，并有进一步发展的趋势。2012—2014 年的单向货运量（上行）分别达 5345 万 t、6029 万 t、6137 万 t。为适应这一发展趋势，建议如下：

（1）进一步挖掘三峡及葛洲坝既有船闸潜力，充分用好三峡升船机。加快船舶现代化和标准化建设，提高闸室空间的利用率，缩短进出闸时间，提高船闸运行效率。

（2）建设综合立体交通走廊。依托长江黄金水道，统筹铁路、公路、航空、管道建设，加强各种运输方式的衔接和综合交通枢纽建设，加快多式联运发展，建成信息化、网络化、智能化和有利于生态环境保护的综合立体交通走廊，增强对长江经济带发展的战略支撑力。

（3）加快开展三峡枢纽水运新通道和葛洲坝枢纽船闸扩能工程前期研究工作。

### 六、加强长江泥沙监测研究，重视下游重点河段整治

河床演变和河岸坍塌是所有江河的常态现象。由于三峡工程和长江上游干支流梯级水库的蓄水拦沙以及库岸周边的水土保持，三峡水库来沙量比初步设计阶段大幅度减少，清水下泄加重了下游河道冲刷和河岸坍塌，江河湖海水文生态发生变化。建议加强重点河段、河湖口、入海口的监测和工程整治，经过一定时期的演变过程，长江中下游河道将会达到一个新的冲淤平衡，并逐步趋

于相对稳定的状态。

### 七、加强生态系统状况长期监测，定期开展生态影响阶段评估

由于三峡工程建设与蓄水对库区生态系统以及下游河湖关系的影响是一个长期而缓慢的过程，其产生的生态影响后果需要足够长的时间才能显现出来，因此建议加强开展长期生态系统监测与研究，重视水库蓄水后洞庭湖和鄱阳湖等生态系统的演变趋势，开展群落水平和公众较为关注的珍稀濒危物种监测及相关研究，对动物主要栖息地的恢复或破坏状况进行监测研究，加强水库消落带生态环境的长期监测和治理保护，加强三峡库区局部气候与立体气象专项的监测，增加库区综合气象监测，并以一定的间隔期定期开展三峡工程对生态影响的阶段性评估，以系统、全面地追踪观测三峡库区生态系统的变化。

附件一：

# 三峡工程建设第三方独立评估
# 项目设置及主要成员

## 一、评估项目领导小组

顾　　问：钱正英　第九届全国政协副主席，中国工程院院士

　　　　　徐匡迪　第十届全国政协副主席，中国工程院主席团名誉主席，中国工程院院士

组　　长：周　济　中国工程院院长，中国工程院院士

副组长：王玉普　中国工程院原副院长，中国工程院院士

　　　　　徐德龙　中国工程院副院长，中国工程院院士

　　　　　刘　旭　中国工程院副院长，中国工程院院士

　　　　　沈国舫　中国工程院原副院长，中国工程院院士

　　　　　陈宜瑜　国家自然科学基金委员会原主任，中国科学院院士

成　　员：陈厚群　中国水利水电科学研究院教授级高级工程师，中国工程院院士

　　　　　高安泽　水利部原总工程师，全国工程勘察设计大师

## 二、评估项目专家组

顾　　问：陆佑楣　中国长江三峡集团有限公司原总经理，中国工程院院士

组　　长：沈国舫（兼）

副组长：陈厚群（兼）

　　　　　高安泽（兼）

## 三、评估项目课题组

### （一）水文与调度评估课题组

组　　长：王　浩　中国水利水电科学研究院教授级高级工程师，中国工程院院士

副组长：雷志栋　清华大学教授，中国工程院院士

　　　　　刘昌明　中国科学院地理科学与资源研究所研究员，中国科学院院士

## （二）泥沙评估课题组

顾　　问：张　仁　清华大学教授

组　　长：胡春宏　中国水利水电科学研究院教授级高级工程师，中国工程院院士

副组长：戴定忠　水利部科技司原司长，教授级高级工程师

　　　　韩其为　中国水利水电科学研究院教授级高级工程师，中国工程院院士

　　　　王光谦　青海大学校长，清华大学教授，中国科学院院士

## （三）地质灾害评估课题组

组　　长：王思敬　中国科学院地质与地球物理研究所研究员，中国工程院院士

副组长：卢耀如　同济大学教授，中国工程院院士

　　　　殷跃平　自然资源部地质灾害应急技术指导中心总工程师，研究员

## （四）地震评估课题组

组　　长：陈厚群（兼）

副组长：姚运生　中国地震局湖北省地震局局长，研究员

## （五）生态影响评估课题组

组　　长：李文华　中国科学院地理科学与资源研究所研究员，中国工程院院士

副组长：曹文宣　中国科学院水生生物研究所研究员，中国科学院院士

　　　　李泽椿　国家气象中心研究员，中国工程院院士

## （六）环境影响评估课题组

组　　长：魏复盛　中国环境监测总站研究员，中国工程院院士

副组长：王业耀　中国环境监测总站副站长，研究员

　　　　郑丙辉　中国环境科学研究院副院长，研究员

　　　　王金南　生态环境部环境规划院副院长，研究员

## （七）枢纽建筑评估课题组

组　　长：马洪琪　华能澜沧江水电股份有限公司高级顾问，中国工程院院士

副组长：罗绍基　广东抽水蓄能发电有限公司顾问，中国工程院院士

　　　　郑守仁　水利部长江水利委员会总工程师，中国工程院院士

## （八）航运评估课题组

组　　长：[梁应辰]　交通运输部技术顾问，中国工程院院士

副组长：王光纶　清华大学教授

　　　　吴　澎　中交水运规划设计院有限公司总工程师兼副总经理，全
　　　　　　　　国工程勘察设计大师，教授级高级工程师

## （九）电力系统评估课题组

顾　　问：吴敬儒　国家开发银行资深顾问

　　　　卢　强　清华大学教授，中国科学院院士

　　　　王锡凡　西安交通大学教授，中国科学院院士

组　　长：周孝信　中国电力科学研究院名誉院长，中国科学院院士

副组长：周小谦　国家电网有限公司顾问，教授级高级工程师

　　　　郭剑波　中国电力科学研究院院长，中国工程院院士

## （十）机电设备评估课题组

组　　长：[梁维燕]　哈尔滨电气集团公司专家委员会副主任，中国工程院院士

副组长：杨定原　水利部原外事司司长，教授级高级工程师

## （十一）移民评估课题组

组　　长：[敬正书]　水利部原副部长、中国水利学会理事长，教授级高级
　　　　　　　　工程师

副组长：唐传利　水利部水库移民开发局局长，教授级高级工程师

　　　　刘冬顺　水利部水库移民开发局副局长，研究员

　　　　陈　伟　水利部水利水电规划设计总院副院长，教授级高级工程师

## （十二）社会经济效益评估课题组

组　　长：傅志寰　原铁道部部长，中国工程院院士

副组长：张超然　中国长江三峡集团有限公司原总工程师，中国工程院院士

　　　　李　平　中国社科院数量经济与技术经济研究所所长，研究员

## 四、评估项目办公室

主　　任：谢冰玉　中国工程院一局原局长

副主任：阮宝君　中国工程院二局原副局长

成　　员：唐海英　中国工程院二局土木、水利与建筑工程学部办公室主任

　　　　樊新岩　中国工程院一局咨询办公室副处长

　　　　王　波　中国工程院战略咨询中心副处长

　　　　王中子　中国工程院 Engineering 主编室

附件二：

三峡工程库区位置示意图

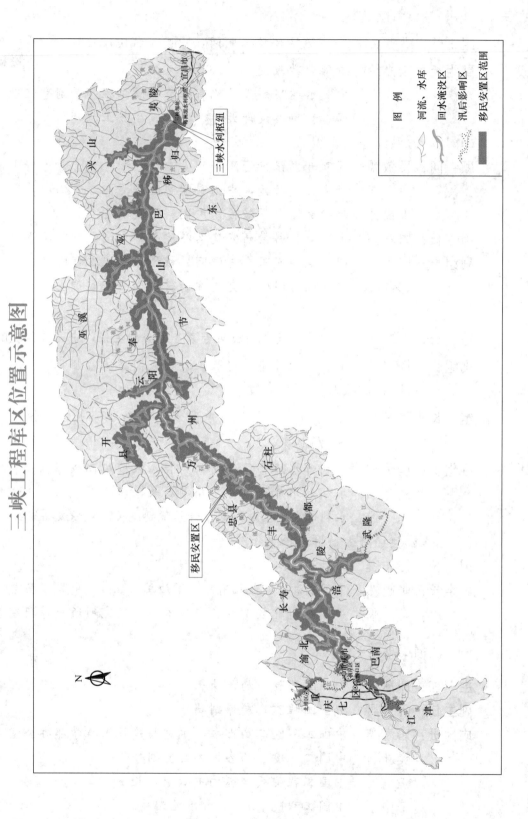

附件三：

# 长江干流及主要支流水文站点分布图

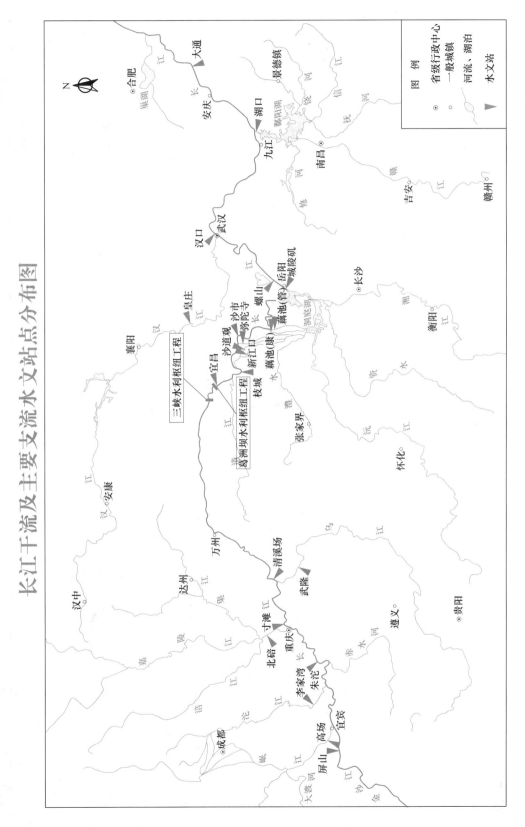

附件四：

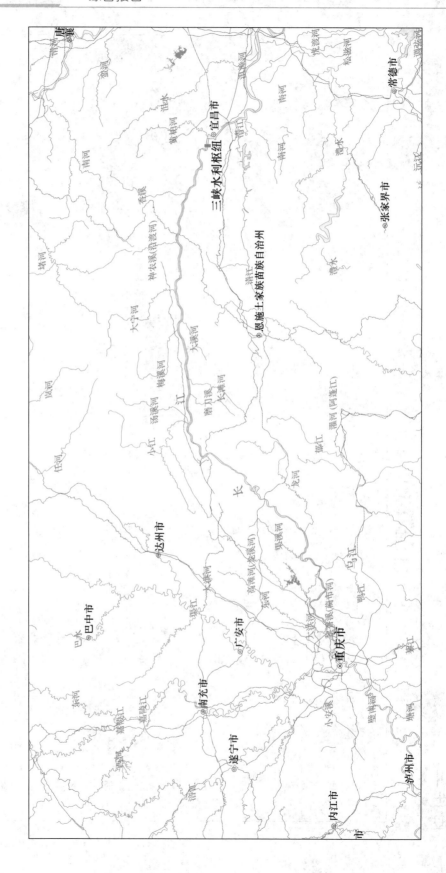

长江三峡库区水系简图

# 课题简要报告

# 报 告 一

# 水文与调度评估课题简要报告

20 世纪 90 年代以后的长江水文情势以及三峡工程蓄水运用以来的实际情况表明，三峡工程论证、可行性研究及初步设计阶段（以下简称"初设阶段"）得出的水文设计成果，防洪、发电、航运调度的目标、任务及方式等基本结论是正确的。三峡工程试验性蓄水以来的调度实践检验了正常运用调度的各项内容，具备全面发挥设计确定的防洪、发电、航运等巨大综合利用效益的能力，在完成《三峡（正常运行期）—葛洲坝水利枢纽梯级调度规程》审批后，已经具备工程验收和转入正常运行期的条件。

## 一、关于水文情势

初设阶段指出：三峡工程有关水文情况基本清楚，提出的设计洪水参数以及年径流量和枯水期流量分析成果作为设计依据。本次评估新增 1991—2013 年共 23 年水文资料，对水文设计成果进行了全面复核。复核结果表明：水文主要参数总体稳定，初设阶段确定的坝址设计洪水和入库设计洪水成果基本合适，并留有安全裕度；近年来受长江上游来水持续偏枯以及三峡及其上游干支流兴建的水库拦沙、清水下泄、河道冲刷、河道采砂等影响，出现长江中下游干流枯水流量时的水位下降显著，荆南三口分流量出现一定程度的减少，三峡水库汛后蓄水期洞庭湖、鄱阳湖出流加快，提前进入枯水期等问题，需密切关注未来的长期变化趋势。

### （一）径流

与初设阶段成果相比，水文系列延长至 2013 年，宜昌站多年平均年径流量减少 69 亿 $m^3$，减少幅度为 1.5%。其中，枯季 1—3 月径流量略有增加；三峡水库蓄水期 9 月中旬至 10 月底减少 37 亿 $m^3$，减少了 3.7%。宜昌站长系列年径流量和 9—11 月径流量的减少趋势通过 95% 置信水平的显著性检验。

三峡水库蓄水运用后的 2003—2013 年，宜昌站多年平均年径流量 3989 亿 $m^3$，较初设阶段多年平均年来水成果减少 11.5%；其中 2006 年为有实测记录以来的最枯水年。连续偏枯在历史上并非偶然现象，1969—1979 年也曾出现过类似的枯水系列，两系列年均径流量只相差 2.4%，但 2003—2013 年更枯，持续时间更长。

近年来，长江上游来水偏枯是长江上游降水偏少、新建水库拦蓄、人类活动耗水量增加和水土保持土壤蓄水能力增强等因素共同作用的结果。其中，降水量偏少是长江上游来水偏枯的最主要原因。今后需高度重视未来可能变化趋势及其对三峡水库调度带来的影响。

（二）设计洪水

洪水资料系列延长至 2013 年后，本次评估复核的宜昌站设计洪水成果较初设阶段成果有所减小，洪峰及典型时段洪量减少幅度在 4% 以内。评估认为，按有关规定，可维持原设计成果不变。

三峡工程初设阶段采用静库容法对坝址设计洪水进行了调洪计算，并采用动库容法对入库设计洪水进行了调洪计算复核。在初设阶段 1954 年、1981 年、1982 年 3 个典型年的基础上，本次评估补充了 1998 年和 2010 年两个典型年，对设计洪水进行复核。1998 年洪水和 1954 年洪水类型基本一致，为全流域型洪水，但洪峰和洪量都小于 1954 年洪水；2010 年洪水和 1981 年洪水类型一致，洪水主要来自寸滩以上，寸滩至宜昌区间洪水较小。评估认为，初设阶段选取的 3 个典型年基本概括了宜昌以上洪水的一般特性，具有较好的代表性。三峡工程初设阶段确定的设计洪水成果符合实际，建议仍采用初设阶段的设计洪水成果。

（三）上游来沙

三峡工程蓄水运用后长江上游来沙显著减少。2003—2013 年三峡年均入库泥沙 18627 万 t，较初设阶段成果减少了 62%。来沙减少主要受上游水库拦沙、水土保持工程减沙、河道采砂和降水减少等多种因素共同作用。其中，降水因素具有随机性，其余 3 个因素在减沙方面将持续发挥作用。

（四）中游主要站点水位流量关系

由于三峡及其上游干支流兴建的水库拦沙作用，出库水流含沙量降低、级配变细，水流挟沙能力增强，再加上河道采砂等影响，长江中游干流普遍发生冲刷。长江中游沙市站、螺山站、汉口站等主要水文站点的枯水流量对应水位降低明显，且流量越小水位下降幅度越大。2013 年与 2003 年比较，沙市站流量 6000m³/s 时，水位降低 1.5m；流量 14000m³/s 时，水位降低 0.84m。螺山站流量 8000m³/s 时，水位降低 0.79m；流量 10000m³/s 时，水位降低

0.81m；流量 16000m³/s 时，水位降低 0.84m。汉口站流量 10000m³/s 时，水位降低 1.18m；流量 20000m³/s 时，水位降低 0.87m。

中高流量的水位流量关系曲线暂无趋势性变化，水位流量关系的变化趋势仍有待进一步积累资料进行分析。

## 二、关于三峡水库调度任务

防洪、发电、航运是初设阶段确定的三峡工程三大调度任务，试验性蓄水期间，三峡工程不仅成功实施了防洪、发电、航运调度，而且在水资源综合利用调度方面也取得了巨大的综合效益。

### （一）防洪调度任务

三峡工程紧邻荆江河段，地理位置优越，利用三峡水库调蓄长江上游大洪水，是减轻长江中下游洪水威胁，避免特大洪水时发生毁灭性灾害最有效的措施。三峡工程是长江中下游防洪体系中的关键性工程。

长江上游主要支流控制性水库至三峡坝址未控区间有 29 万 km²，是我国著名的川西暴雨区，该地区的洪水是支流水库所不能控制的，必须利用三峡工程控制下泄流量，解决荆江河段行洪安全问题。三峡工程的防洪作用是长江上游水库所不能替代的。

评估认为，三峡工程论证和初步设计提出的长江中下游防洪方针、原则、目标及三峡工程的防洪作用等基本结论是正确的，三峡水库能够保证荆江地区防洪标准达到设计要求。

初设阶段确定的三峡工程以防洪为首要任务是正确的，三峡水库的防洪作用是合适的，即在保证三峡水利枢纽大坝安全和葛洲坝水利枢纽度汛安全的前提下，对长江上游洪水进行调控，使荆江河段防洪标准达到 100 年一遇，遇 100 年一遇以上至 1000 年一遇洪水，包括当发生类似 1870 年的特大洪水时，控制枝城站流量不大于 80000m³/s，配合蓄滞洪区运用，保证荆江河段行洪安全，避免两岸干堤溃决导致毁灭性灾害。

同时，评估认为对中小洪水进行滞洪调度原则可行，应在不断总结防洪调度经验的基础上，深入研究论证中小洪水滞洪调度的条件、目标、原则和利弊得失，关注对下游防洪、河道行洪和库区泥沙淤积等方面的影响，制定调度方案，在确保安全的前提下，相机进行中小洪水调度，并建议每隔一定年份，在汛期条件允许的情况下，有组织、有计划地视水情选择适当时机控制三峡下泄 50000～55000m³/s 流量，以保持长江中下游河道泄洪能力及锻炼防汛队伍。

### （二）发电调度任务

三峡工程地理位置优越，装机规模巨大，为华中、华东和广东的社会经济发展提供了强大的电源支撑，也为西电东送和全国电网联网创造了有利条件。评估认为，初设阶段确定的发电任务是合适的。

三峡工程总装机容量为 22500MW，设计多年平均年发电量为 882 亿 kW·h。2012—2013 年三峡电站装机容量达到设计规模，在长江上游来水较初设阶段成果偏少 7.33% 的情况下，通过汛期限制水位浮动运行、中小洪水调度、提前蓄水运用等一系列调度，三峡电站年均发电量增加了 5.67%，全面达到并超过了初设阶段确定的发电目标。

### （三）航运调度任务

三峡工程的兴建使长江上游重庆以下干流 660km 河段以及库区支流 500km 河段的航运条件得到根本性改善。每年约有一半的时间内万吨级船队可从武汉直达重庆，为长江水系干支直达、江海直达运输网规划的建设创造了条件。

评估认为，在试验性蓄水期间，通过蓄丰补枯，增加枯水期下泄流量，三峡工程还间接改善长江中下游航运条件，1—4 月三峡水库增泄 1000～3000m³/s，加大枯水期航道水深；汛期三峡水库削峰滞洪，缩短了洪水造成的停航时间，也有利于航行安全。三峡工程发挥了超预期的航运效益，过坝运量逐年快速增长，提前 19 年达到并超过三峡工程航运规划目标，重庆以下长江干流形成了真正的"黄金水道"。

### （四）水资源调度任务

按初设阶段拟定的三峡水库调度任务，水库一般在 12 月进入枯水期调节期，次年 4 月末调节期结束，水库按满足电站保证出力和航运最小需求下泄，枯水调节期可向下游补偿流量 1000～2000m³/s。随着经济社会的快速发展，长江中下游用水保障需求不断提高。为满足新的需求，特别是枯水期的供水安全要求，国务院批准的《三峡水库优化调度方案（2009）》提出：1—2 月，在满足发电、航运最小下泄流量的基础上，再增加下泄流量 400～600m³/s 至 6000m³/s；遇来水特枯年份，应根据需要和可能，允许库水位提前降至 155m 以下。

评估认为，与初设阶段拟定的调度方案相比，《三峡水库优化调度方案（2009）》中提出的水资源调度任务和试验性蓄水期间开展的水资源调度是必要的和合适的，加大了枯期对下游的补偿力度，进一步明确了水资源调度方式和任务。

建议加强面向生态的三峡水库综合调度方式和抗旱补水调度能力界定等方面的研究。

## 三、关于三峡水库调度控制水位与流量

### （一）汛期水位与流量

### 1. 汛前降水位方式

初设阶段拟定的三峡水库汛前消落方式为：汛前 6 月 1 日开始，库水位从枯期消落低水位 155m 均匀下降，至防洪限制水位 145m 的时间为 6 月 10 日。《三峡水库优化调度方案（2009）》对三峡水库汛期运行调度方式进行了优化调整，延长了水库集中下泄的时间，优化了三峡水库汛前集中消落增泄调度。一般情况下，自 5 月 25 日开始，三峡水库视长江中下游来水情况从枯期消落低水位 155m 均匀消落水库水位，6 月 10 日消落到防洪限制水位（水位下降速率按 0.6m/d 控制）。

评估认为，综合考虑库岸稳定对汛前水位消落速率要求、三峡水库汛前增泄可能对两湖地区防洪带来的影响等因素，三峡水库汛前从消落期低水位 155m 降至汛限水位 145m 的开始时间宜在 5 月 25 日之前。若降至防洪限制水位 145m 时间推迟至 6 月 10 日以后，发电量和库区泥沙淤积量有所增加，但影响不大，而中下游河道底水有所增加，当遇全流域型或中下游区间型洪水时，将在一定程度上增加中下游的防汛风险，因此建议仍维持初设阶段确定的 6 月 10 日降至防洪限制水位。

汛前降水位期间，水库泄量较大，而此时下游两湖已进入汛期，江湖水情组合复杂。实时调度中应视下游来水情况，相机、均匀地泄放水量。建议在下阶段应结合试验性蓄水期间的监测成果，进一步研究优化汛前调度方式。

### 2. 汛期运行水位的变幅

初设阶段拟定汛期水库一般维持汛限水位 145m 运行，初期运行期调度规程规定，考虑泄水设施启闭时效、水情预报误差及电站日调节需要，汛期当长江来水较小时，可将汛限水位向上浮动 1m 运行。《三峡水库优化调度方案（2009）》指出：在原初期运行期上浮 1m 的基础上，可适当增加 0.5m 的上浮范围。评估认为，汛期运用水位上浮有利有弊，表现如下：

（1）防洪。随着上浮水位幅度的增加，长江中下游需留出的预泄空间将加大；若预泄空间不变，随着上浮水位增高，中下游防洪风险将加大。

（2）泥沙淤积。汛期运行水位上浮，对全库区泥沙淤积影响不大，但对局部河段的泥沙淤积有一定影响，且水位上浮越高淤积影响越大。

（3）发电。随着水位上浮幅度的增加，电站的发电量也相应增加，且上浮运行时间越长，增加的发电量越多。

评估认为，在汛限水位设置一定上浮范围，以下游防洪控制站水位和上游来水作为判别条件，采取预蓄预泄的调度方式，可增加三峡电站的发电效益。但由于在预报来洪水前，需预泄一定的水量，将抬高下游水位，会增加长江中下游防洪风险。考虑到预蓄预泄调度方式很大程度上依靠水情预报精度，而长江流域水情复杂，存在较多不确定因素，为确保防洪安全、减轻库区泥沙淤积的影响，现阶段三峡水库汛期运行水位上浮幅度不宜过大。

在实际运行调度中，抬高上浮水位要审慎运用，应加强原型观测和入库洪水预报研究，积累经验，为完善水库优化运行方案提供依据。

### （二）蓄水期水位与流量

初设阶段拟定三峡水库汛后 10 月 1 日由汛限水位 145m 开始蓄水，蓄水期间最小下泄流量不低于保证出力对应的流量，一般情况下，10 月底可蓄至正常蓄水位 175m。

随着经济社会的发展，长江中下游水资源综合需求对三峡水库汛后蓄水和枯水期最小下泄流量有了更高的要求。为缓解三峡水库蓄水与下游用水需求之间的矛盾，《三峡（正常运行期）—葛洲坝水利枢纽梯级调度规程》规定：三峡水利枢纽开始兴利蓄水的时间不早于 9 月 10 日，具体蓄水实施计划由三峡集团公司根据每年水文气象预报编制，明确实施条件、控制水位及下泄流量等，报国家防总批准后执行。

评估认为：

（1）三峡水库汛后蓄水时间适当提前是必要的。三峡水库汛后蓄水时间适当提前，既可以降低水库汛后蓄水对中下游的影响，又可提高汛后蓄满保证率，增加枯水期下泄流量，提高中下游用水保障程度。

（2）通过对三峡水库分期洪水的分析，9 月 10 日以后发生洪水的量级和频次都与主汛期有显著差别。即使提前蓄水，各频率调洪最高水位也均低于主汛期相应频率的洪水位，不会对防洪安全产生大的影响。为控制防洪风险，在提前蓄水期间应分时段控制蓄水位；并设置以城陵矶和沙市水位是否处在警戒水位以下为提前蓄水的判别条件，以应对各种来水情况。

（3）提前蓄水后，库区泥沙淤积会少量增加，但随着上游水库的建成蓄水，泥沙淤积影响将更小。具体影响仍需通过长期观测进一步分析。

（4）汛后提前至 9 月 10 日开始蓄水，并采取分级控制蓄水上升进程，能较好地协调蓄水与防洪、蓄水与泥沙淤积的关系，方案总体上是可行的，但 9 月末控制蓄水位还应进一步论证。

考虑到长江中下游需水的不断增加和上游水库蓄水与三峡水库蓄水之间的

协调，三峡水库汛后蓄水的难度逐渐加大。在确保防洪安全的前提下，建议在下一阶段对三峡水库汛后开始蓄水时间、蓄水位过程控制和最小下泄流量等进一步开展优化研究，并纳入正常运行期调度规程。

### （三）枯期水位与流量

初设阶段拟定的枯期水位控制方式为：水库蓄水至175m后，一般维持高水位运行，根据发电和下游航运需要，库水位逐步消落至枯期消落低水位155m，并控制枯期调节期水位不低于155m。

通常情况下，1—2月长江流域来水最枯，也是长江口咸潮入侵高发期、鄱阳湖和洞庭湖水位最低、两湖周边地区取水最紧张的时期。为应对中下游用水需求，《三峡水库优化调度方案（2009）》中设置1—2月最小下泄流量6000m³/s的限制，与初设阶段相比，1—2月下泄流量增加500～700m³/s。由于加大了枯期对下游的补偿力度，遇来水特枯的年份，应根据需要和可能，允许库水位提前降至155m以下，但不得低于145m。

评估认为，三峡水库枯期调度存在一定的优化空间，可以通过枯期水资源调度提高下游供水保障程度。试验性蓄水期间采用的枯期调度方式主要针对1—2月来水最小时段和库水位较低时的情况对下游适当补水，调度目标较明确，可操作性强。但该方案对发电和航运产生一定的影响，建议今后进一步研究协调抗旱补水与发电、航运的关系，权衡利弊，优化枯水调度方案，并纳入正常运行期调度规程。

## 四、关于三峡水库调度方式

三峡水库蓄水运用以来，水文情势及调度需求与初设阶段相比发生了诸多变化。三峡水库运行调度方式随之进行了逐步调整和优化，遵照"安全、科学、稳妥、渐进"的原则，以《三峡水库优化调度方案（2009）》为指导，根据长江流域以及三峡水库具体的水情、雨情和工情，针对各地区和各用水部门在提高综合利用效益、保障供水和维护河流生态安全等方面的更高要求，试验性蓄水期间三峡水库相机调整和合理确定了各阶段的调度目标和调度方式。调度实践为三峡水库正常运行期调度积累了经验、奠定了基础，需深入研究如何将试验性蓄水期间采用的调度方案调整为正常运行期调度方案，并纳入运行调度规程。

### （一）关于提前蓄水至正常蓄水位175m

按照初设阶段的要求，三峡水库蓄水运用后，要先期在156m蓄水位停留6年左右再蓄水至正常蓄水位175m，以便移民安置和观察库尾重庆港的淤积情况。工程建设进程中，对此作了调整，提前于 2008 年汛后开始 175m 试验性蓄水，此后进入试验性蓄水期运用。

评估认为，根据移民安置进度和各专项工程的验收进度，以及上游来沙大幅减少的实际情况，提前实施试验性蓄水是必要的，调度实践及其间水文泥沙观测等证明这个调整是正确的，三峡工程提前发挥了防洪、发电、航运和水资源调度效益。

### （二）防洪调度方式

#### 1. 三峡水库防洪调度补偿方式

防洪是三峡工程的首要任务，初设阶段提出以荆江防洪补偿的调度方式为三峡水库防洪运用的基本调度方式。《三峡水库优化调度方案（2009）》在此基础上，研究提出了合理可行的兼顾对城陵矶防洪补偿的调度方式，城陵矶防洪补偿库容 56.5 亿 $m^3$（库水位 145～155m）。

评估认为，随着水文情势和调度需求的变化，对水库防洪优化调度方式进行研究是十分必要的。随着三峡工程运行时间的推移、上游水库兴建、水库泥沙淤积发展状态、江湖关系变化以及水库的防洪调度实践检验等，在今后的较长时期内，还需分阶段对水库防洪调度方式继续进行调整优化。

#### 2. 中小洪水调度方式

初设阶段三峡水库主要考虑保证有足够的防洪库容应对可能发生的特大洪水，确保荆江河段防洪安全，避免防洪风险，未提出对中小洪水进行调度。试验性蓄水期间，三峡水库根据长江中下游地方防汛部门的要求，利用实时水雨情预测预报，在确保防洪安全的前提下，多次对中小洪水实施了滞洪调度。

评估认为，当长江上游发生中小洪水，根据预测预报水雨情信息，在三峡水库尚不需要实施对荆江或城陵矶河段进行防洪补偿调度，且有充分把握保障防洪安全时，相机进行滞洪调度是必要和可行的。

对中小洪水进行拦洪控泄调度，可降低长江中下游干流水位，减轻防汛压力和负担，提升工程防洪效益，同时也增加发电效益。但也存在若干问题，包括：使库水位超过防洪限制水位时间增多，防洪风险增加；降低了排沙比，水库泥沙淤积增加；坝下游河段长期处于平滩水位以下运行，洪水河槽萎缩，洲滩被占用，不利于大洪水时的行洪安全；可能会造成地方防汛人员缺乏磨炼、防汛意识淡薄等。

评估认为，由于试验性蓄水期间，不同频率设计洪水再现周期和规律尚未完全显现，也难以完全掌握，后期的防洪调度运行仍应谨慎从事。建议对中小洪水调度的利弊作深入分析，进一步研究中小洪水调度过程中最高库水位的限制，并应在中小洪水过后将库水位尽快降至汛期限制水位。

### （三）发电调度方式

《三峡水库优化调度方案（2009）》提出"兴利调度服从防洪调度，发电调度与航运调度相互协调并服从水资源调度，提高三峡水库的综合利用效益"的调度原则，汛期按防洪限制水位运行，当防洪需要水库预泄洪水时，电网配合做好发电计划，及时将水位降至防洪限制水位；蓄水期在兼顾下游航运流量和生活、生产、生态用水需求的情况下，原则上电站按大于保证出力的需求发电放流，实际运用中发电调度应尽量保持出力与蓄水前平稳衔接；枯水期，三峡水库水位在兼顾航运和水资源需求的条件下，根据发电需要逐步消落。

评估认为，试验性蓄水期间，三峡工程发挥了初设阶段预期的发电效益并有所提升，现行的发电调度方式是合适的。今后仍需优化发电调度方式，以增加发电效益和调峰效益，保障电网安全稳定运行。

### （四）航运调度方式

《三峡水库优化调度方案（2009）》提出航运调度与发电调度相协调并服从水资源调度，利用水库高水位时期实现万吨级船队直达重庆九龙坡；按葛洲坝下游庙嘴站水位不低于39m的标准，葛洲坝水利枢纽下泄相应的流量；蓄水期控制坝前水位上升速度，逐步减小下泄流量，10月下旬蓄水期间，一般情况水库下泄流量不小于 6500m³/s，以维护库区和坝下游航道通航需要。

评估认为，试验性蓄水期间，三峡水库调度改善了水库上下游航运条件，较好地满足了航运要求，发挥了初设阶段预期的航运效益并有所提升，现行的航运调度方式是合适的。今后仍需要优化调度方式，以进一步改善航运条件，更好地发挥长江"黄金水道"的功能。

### （五）水资源调度方式

为了应对长江中下游干流以及洞庭、鄱阳两湖地区水位在三峡水库蓄水期快速下降的局面，优先保障城乡居民生活用水，统筹考虑生活、生产、生态用水需求，三峡水库在试验性蓄水期间根据相关规定调整了初设阶段水库蓄水进程和枯期调度方式，加大下泄流量。针对1—2月河口压咸、两湖补水等需求进行适当的补偿调度，加大了枯期对下游的补偿力度。

评估认为，《三峡水库优化调度方案（2009）》拓展了调度方式，提高了调度效益，现行的水资源调度方式是基本合适的，较好地满足了中下游用水需求。今后仍需要优化调度方式，以更好地满足各用水方面对三峡水库水资源调度的需求。

## 五、建议

### （一）关于尽快转入正常运行期的建议

鉴于三峡工程试验性蓄水期间已经检验了正常调度的各项内容，并已经具备能够全面发挥设计确定的防洪、发电、航运等巨大综合利用效益的能力，满足进入正常运行期运用的条件，建议在目前三峡水库优化调度方案的基础上，调整完善三峡水库调度方案，尽快审批《三峡（正常运行期）—葛洲坝水利枢纽梯级调度规程》，进行工程竣工验收和转入正常运行期。

### （二）关于加强面向生态的综合调度研究的建议

三峡工程试验性蓄水期间，国务院批准的《三峡水库优化调度方案（2009）》得到有效贯彻，并在实时调度中根据实际情况进行了修改调整，保证了水库运行按照"安全、科学、稳妥、渐进"的原则顺利实施，为正常运行期调度积累了经验。但目前三峡水库运行条件已较设计时发生了较大变化，诸如上游来沙显著减少、蓄水期来水有下降趋势、下游补水需求进一步加大、水文气象预报技术逐渐成熟、上游大型水利水电枢纽陆续建成运行、生态环境保护需求加大等，因此，建议在试验性蓄水阶段的水库调度运行实践经验的基础上，针对上述一系列变化，按照加强生态文明建设的要求，深入开展面向生态的综合调度研究，将生态的理念贯穿在防洪、发电、航运和水资源的调度运用当中，以维护健康长江。

### （三）关于加强三峡水库调度保障条件研究的建议

为充分保障三峡水库综合效益的发挥，建议进一步加强三峡水库调度保障条件研究，包括进一步完善长江中下游防洪体系建设；加强泥沙和江湖关系演变动态观测；加强气象与洪水预报技术研究；加强三峡水库与长江上游干支流水库统一调度协调机制研究；加强长江中下游洪水风险管理研究和探讨建立风险调度基金等。

# 主 要 参 考 文 献

［1］ 水利部长江水利委员会. 长江流域防洪规划报告［R］，2007.

［2］ 水利部长江水利委员会. 长江流域综合规划（2012—2030年）［R］，2012.

［3］ 水利部长江水利委员会. 长江流域水资源综合规划报告［R］，2007.

［4］ 水利部长江水利委员会. 长江区水资源及其开发利用调查评价简要报告

［R］，2004.

［5］　水利部长江水利委员会. 长江口综合整治开发规划［R］，2008.

［6］　国家发展和改革委员会. 中国应对天气变化国家方案［R］，2007.

［7］　水利部长江流域规划办公室. 长江三峡水利枢纽可行性研究报告［R］，1989.

［8］　水利部长江流域规划办公室. 长江三峡水利枢纽可行性研究报告：第二分册　水文［R］，1989.

［9］　水利部长江流域规划办公室. 长江三峡水利枢纽可行性研究报告：第四分册　综合利用与工程规模［R］，1989.

［10］　水利部长江水利委员会. 长江三峡水利枢纽初步设计报告：第一篇　综合说明书［R］，1992.

［11］　水利部长江水利委员会. 长江三峡水利枢纽初步设计报告：第二篇　水文［R］，1992.

［12］　水利部长江水利委员会. 长江三峡水利枢纽初步设计报告：第四篇　综合利用规划［R］，1992.

［13］　水利水电工程设计洪水计算规范：SL 44—2006［S］. 北京：中国水利水电出版社，2006.

［14］　水利水电工程水文计算规范：SL 278—2002［S］. 北京：中国水利水电出版社，2002.

［15］　水利部长江水利委员会. 三峡水库优化调度方案研究报告［R］，2009.

［16］　水利部长江水利委员会. 三峡工程试验性蓄水（2008年至2012年）阶段性总结报告［R］，2013.

［17］　中国长江三峡集团有限公司. 2008—2012年三峡工程175m试验性蓄水阶段性总结报告［R］，2013.

［18］　卫生部. 三峡工程试验性蓄水阶段性总结分析报告［R］，2013.

［19］　环境保护部. 三峡工程试验性蓄水阶段性总结分析报告［R］，2013.

［20］　交通运输部. 三峡工程试验性蓄水航运工作阶段性总结分析报告［R］，2013.

［21］　中国气象局. 三峡工程试验性蓄水气象工作阶段性总结分析报告［R］，2013.

［22］　国家电网有限公司. 三峡工程试验性蓄水电力调度专题阶段性总结分析报告［R］，2013.

［23］　湖北省三峡水库管理领导小组办公室. 三峡工程试验性蓄水阶段性总结分析报告［R］，2013.

［24］　重庆市人民政府. 三峡工程试验性蓄水重庆库区阶段性总结分析报告［R］，2013.

［25］　长江水利委员会防汛抗旱办公室. 2013年长江防汛抗旱减灾［R］，2013.

［26］　许继军，陈进，常福宣. 控制性水利工程对长江中下游水资源影响与对策［J］. 人民长江，2014（7）：11-17.

附件：

# 课题组成员名单

## 专 家 组

**组　长：** 王　浩　中国水利水电科学研究院教授级高级工程师，中国工程院院士

**副组长：** 雷志栋　清华大学教授，中国工程院院士

刘昌明　中国科学院地理科学与资源研究所研究员，中国科学院院士

**顾　问：** 高安泽　水利部原总工程师，全国工程勘察设计大师

张超然　中国长江三峡集团有限公司原总工程师，中国工程院院士

**成　员：**（以姓氏笔画为序）

王　俊　长江水利委员会水文局原局长，教授级高级工程师

仲志余　长江勘测规划设计研究院副院长，教授级高级工程师

危起伟　中国水产科学研究院研究员

陈　进　长江科学院副院长，教授级高级工程师

杨大文　清华大学教授

吴　澎　中交水运规划设计院总工程师，全国工程勘察设计大师

吴道喜　长江防汛抗旱总指挥部办公室主任，教授级高级工程师

邱瑞田　国家防汛抗旱总指挥部办公室副主任，教授级高级工程师

张建云　南京水利科学研究院原院长，中国工程院院士

罗　勇　清华大学教授

胡春宏　中国水利水电科学研究院副院长，中国工程院院士

黄真理　国家水电可持续发展研究中心主任，教授级高级工程师

蒋云钟　中国水利水电科学研究院教授级高级工程师

韩亦方　水利部南水北调规划设计管理局教授级高级工程师

裴哲义　国家电网有限公司国家电力调度控制中心教授级高级工程师

谭培伦　长江勘测规划设计研究院教授级高级工程师

滕炜芬　水利部水利水电规划设计总院教授级高级工程师

## 工　作　组

组　长：蒋云钟（兼）

成　员：（以姓氏笔画为序）

丁　毅　长江勘测规划设计研究院教授级高级工程师

丁相毅　中国水利水电科学研究院高级工程师

王　帅　中交水运规划设计院高级工程师

许继军　长江科学院教授级高级工程师

纪国强　长江勘测规划设计研究院教授级高级工程师

李　响　长江水利委员会水文局博士

李玉荣　长江水利委员会水文局高级工程师

李清清　长江科学院高级工程师

张双虎　中国水利水电科学研究院教授级高级工程师

张明波　长江水利委员会水文局教授级高级工程师

陈剑池　长江水利委员会水文局教授级高级工程师

陈炯宏　长江勘测规划设计研究院高级工程师

赵文焕　长江水利委员会水文局教授级高级工程师

曹凤帅　中交水运规划设计院高级工程师

戴明龙　长江水利委员会水文局高级工程师

# 报 告 二

# 泥沙评估课题简要报告

　　泥沙问题是三峡工程建设需要解决的关键技术问题之一。在三峡工程可行性论证和初步设计阶段对泥沙问题进行了系统研究，为三峡工程规划设计和施工建设提供了技术支撑。三峡工程运行以来，在三峡工程建设委员会办公室的领导下，三峡工程泥沙专家组针对三峡水库入库水沙变化、库区泥沙淤积、坝下游河道冲刷等问题组织有关单位开展了大量的水文泥沙原型观测与研究，为三峡水库的优化调度发挥了重要作用。中国工程院于 2008 年和 2013 年先后开展了"三峡工程论证及可行性研究结论的阶段性评估"和"三峡工程试验性蓄水阶段评估"，环境保护部于 2014 年开展了三峡工程竣工环境保护验收调查。在上述工作的基础上，结合三峡工程运用 11 年来的实测资料和研究成果，针对论证和初步设计阶段有关泥沙问题及三峡工程运行以来新出现的泥沙问题进行评估和分析。

## 一、论证和初步设计阶段有关泥沙问题的评估

### （一）三峡水库上游来水来沙

　　论证和初步设计阶段的结论是：长江干流历年来沙量基本上在多年平均值的上下摆动，没有明显增加或减少的趋势；随着上游水土保持工作的开展和上游水库的陆续兴建，三峡水库入库泥沙量将会逐渐减少。

　　实测资料表明，20 世纪 90 年代以来，入库径流量变化不大，但由于受到三峡水库上游干支流水库拦沙、水土保持、河道采砂及降雨变化等因素的综合影响，入库沙量大幅减少，见表 1。三峡水库蓄水运行以来，2003—2013 年入库（寸滩站和武隆站之和，下同）多年平均年径流量和悬移质输沙量分别为3680 亿 m³ 和 1.86 亿 t，较 1990 年以前分别减少 8％和 62％，较 1991—2002年分别减少 5％和 48％。

　　在三峡工程论证阶段，寸滩站实测年平均砾卵石推移质输沙量为 27.7 万 t

（沙质推移质无实测资料）。自20世纪90年代以来，进入三峡水库的砾卵石推移质和沙质推移质泥沙数量总体均呈减少趋势，寸滩站1991—2002年实测砾卵石推移质和沙质推移质的年平均输沙量分别为15.4万t和25.83万t，推移质总量约为同期悬移质输沙量的0.13%；三峡水库蓄水运用后，推移质输沙量大幅减少，2003—2013年寸滩站实测年平均砾卵石推移质和沙质推移质输沙量分别为4.36万t和1.47万t，推移质总量较2002年前平均值减少86%，约为同期悬移质输沙量的0.032%。

表1　　　　　　　　　不同时段的入库水沙量（寸滩站＋武隆站）

| 时期 | 年平均径流量/亿 m³ | 年平均输沙量/亿 t |
| --- | --- | --- |
| 1990 年以前 | 4015 | 4.91 |
| 1991—2002 年 | 3871 | 3.57 |
| 2003—2013 年 | 3680 | 1.86 |

评估认为，受三峡水库上游干支流水库建设、水土保持、河道采砂及降雨等因素的综合影响，三峡水库上游来沙量（悬移质和推移质总和）大幅度减少，进入重庆河段的砾卵石推移质数量极少，未出现一些专家担忧的三峡库尾推移质严重淤积的局面。随着上游干支流水电站的建设与运用，预期三峡入库沙量将进一步减少，并在相当长时期内维持较低水平。因此，论证与初步设计阶段关于随着长江上游水土保持工作的开展和水库的陆续兴建，三峡水库入库沙量将呈减少趋势的结论是符合实际的。值得注意的是，在三峡水库总体来沙量减少的同时，上游地震和地质灾害产沙进入河道的潜在威胁依然存在，流域内基本建设的产沙也不能忽视，一些支流仍有可能出现特大洪水并挟带大量泥沙入库的情况。

（二）水库分期蓄水方案

论证和初步设计提出三峡水库蓄水位按135m（围堰发电期）—156m（初期蓄水运行期）—175m（正常运用期），分三期蓄水。初定2003—2007年为围堰发电期，水库运行水位135～139m；2007—2013年为初期蓄水期，蓄水至156m，在此6年左右时间内进一步做好移民安置、库尾泥沙淤积观测验证以及重庆港区泥沙淤积影响处理工作；最终于2013年蓄水至正常蓄水位175m。

三峡水库蓄水运用以来，2003年6月蓄水至135m，进入围堰发电期，在此期间（2003—2006年）水库运行水位为135（汛限水位）～139m（蓄水位）。2006年10月水库蓄水至156m，较初步设计提前1年进入初期运行期，水库运行水位为 144～156m。考虑到一方面库区移民进度总体提前，另一方面入库泥沙大幅减少，实体模型研究成果表明，按 1991—2000 年水沙系列，水库 175m 蓄水后九龙坡港口和金沙碛港口的碍航淤积量将分别小于 25 万 m³ 和 17 万 m³，因此，泥沙淤积对重庆港的影响不大。在上述条件下，2008 年汛末即开始实施 175m 试验性蓄水，较初步设计提前了 5 年。

评估认为，论证和初步设计提出的三峡水库"分期蓄水方案"是合理的；三峡水库蓄水运用以来，根据实际情况，对"分期蓄水方案"进行了调整，将初期蓄水期提前至 2006 年，并于 2008 年开展 175m 试验性蓄水是适当的。三峡水库试验性蓄水以来的实践证明，有关泥沙淤积对重庆主城区河段航运影响不大的结论是正确的。提前开展试验性蓄水不仅对库尾泥沙淤积进行了实践检验，而且还使工程提前全面发挥综合效益。

### （三）水库淤积与库容长期使用

论证和初步设计提出三峡水库采用"蓄清排浑"运行方式，汛期来沙多时降低水位排沙，非汛期来沙少时蓄水兴利，水库正常蓄水位为 175m，枯水期消落低水位为 155m，汛限水位为 145m；并预测，按"蓄清排浑"（175m—145m—155m）方式运用，水库的大部分有效库容，包括防洪库容和调节库容，均可以长期保留。

三峡水库蓄水运用后，特别是试验性蓄水以来，入库泥沙大幅减少，水库运行中根据实际条件和需要，对初步设计规定的汛期水位和调度指标作了适当调整，并在大洪水来沙多时，仍尽量降低水位排沙，以体现"蓄清排浑"运用的原则。三峡水库 2003 年蓄水运用至 2013 年年底，干流库区共淤积泥沙 15.31 亿 t，多年平均年淤积量为 1.39 亿 t，约为论证阶段预测值的 40%。按体积法计算，175m 以下干支流库区总淤积泥沙约 16.10 亿 m³，占总库容的 4.1%，水库泥沙淤积主要发生在奉节至大坝库段的宽河段和深槽中；淤积在 145m 高程以下的泥沙为 14.59 亿 m³，占总淤积量的 90.68%，占 145m 高程以下水库库容的 8.5%；145m 高程以上水库静防洪库容内淤积的泥沙为 1.51 亿 m³，占水库防洪库容的 0.68%。但是，试验性蓄水以来，由于汛期水位抬高，提高了水库淤积的比例，水库排沙比降低，2008—2013 年实测水库平均排沙比为 17.5%，2003—2013 年为 24.5%，低于初步设计预测值，致使水库有效库容淤积占同期淤积量的比例有所增加。

评估认为，论证和初步设计提出的三峡水库"蓄清排浑"的运行方式是正确的。三峡水库蓄水运用以来，由于入库泥沙大幅度减少，水库基本遵循"蓄清排浑"的运用原则，并根据实际情况，对水库运行调度方案进行了适当调整，2003—2013年期间水库泥沙淤积量约为论证阶段预测值的40%，且主要分布在145m高程以下。随着三峡上游梯级水库的陆续兴建，三峡入库泥沙在相当长时期内将维持在较低水平，水库淤积会进一步减缓。只要坚持设计的运行方式，论证和初步设计阶段提出的"水库采用'蓄清排浑'的运用方式，水库的大部分有效库容可长期保留"的结论是可以实现的。

### （四）重庆主城区河段的冲淤变化及对防洪的影响

论证和初步设计阶段的结论为：三峡水库淤积引起的洪水位抬高，按175m—145m—155m方案运用100年，如遇100年一遇洪水，不考虑上游建库拦沙，重庆市洪水位为199.09m，较建库前水位抬高4.79m；考虑计算水位与采用糙率、淤积量和淤积部位有关，计算值可能有1～3m的变幅；如考虑三峡水库上游干支流水库的拦沙和调洪作用，重庆市洪水位将低于上述计算水位1.79～3.79m。

论证和初步设计阶段以后，三峡水库入库泥沙量大幅度减少及河道大量采砂，在很大程度上减缓了重庆主城区河段的泥沙淤积问题。三峡水库围堰发电期和初期蓄水期，重庆主城区河段尚未受三峡水库壅水影响，属自然条件下的演变，该河段分别冲刷447.5万m³和淤积366.8万m³。2008年三峡水库175m试验性蓄水后，重庆主城区河段的冲淤规律发生了变化，天然情况下是汛后9月开始走沙，试验性蓄水后主要以消落期走沙为主。由于入库悬移质和推移质泥沙大幅度减少及河道大量采砂等因素的影响，重庆主城区河段总体表现为冲刷，自2008年10月—2013年10月重庆主城区河段累积冲刷量为874.7万m³（含河道采砂量），未出现论证时担忧的重庆主城区河段泥沙严重淤积的局面，也未出现砾卵石的累积性淤积。寸滩站实测资料表明，三峡水库蓄水运用后汛期水位流量关系没有出现明显变化，说明水库泥沙淤积尚未对重庆洪水位产生影响。

评估认为，三峡水库175m试验性蓄水后，重庆主城区河段河道的冲淤规律发生了变化。由于水库来沙大幅度减少、河道采砂等因素的影响，重庆主城区河段河道总体表现为冲刷下切，未发生累积性淤积。局部淤积未对河段水位造成影响，汛期水位流量关系没有出现明显变化。今后上游来沙量在相当长时期内将维持在较低水平，有利于减缓重庆主城区河段的泥沙淤积；但水库泥沙淤积是一个长期累积的过程，未来水库泥沙淤积对重庆主城区河段洪水位的影响仍需要跟踪观测与分析。

### （五）水库变动回水区、港区及常年回水区泥沙淤积对航道的影响

论证和初步设计阶段的结论为：三峡枢纽兴建后，变动回水区库段的航道

港区均有较大改善，万吨级船队可以直达重庆九龙坡；枢纽运用后期，出现河势调整，个别库段在枯水年水库水位消落后期出现碍航和影响港区作业问题，可以采取优化水库调度、结合港口改造、采取整治和疏浚等措施加以解决。

三峡水库蓄水运用以来，特别是 2008 年试验性蓄水后，变动回水区航运条件总体上有很大改善。目前变动回水区上段（江津至重庆河段）航道尺度尚未提高，主要是消落初期枯水河槽砾卵石集中输移时对航道有一定的不利影响；中下段（重庆以下河段）航运条件明显改善，最小维护水深由 2.9m 提升至 3.5m，航道宽度由原来的 60m 提升至 100m，蓄水期最小维护水深提高至 4.5m，但变动回水区中段和下段已分别出现卵砾石累积性淤积趋势和累积性淤沙浅滩现象，可能会出现潜在碍航问题。对已出现的局部碍航问题，主要采用港口布置优化、水库调度、航道疏浚和运营管理等措施进行解决。常年回水区通航条件得到根本改善，航道水深由最小维护水深 2.9m 提高至 4.5m，航道宽度由原来的 60m 提升至 150m，航道水深和航道宽度均有大幅度提升。

评估认为，三峡水库蓄水运用后，特别是 2008 年试验性蓄水以来，由于大幅度抬高了枯水期消落水位至 155m 以上，使变动回水区航运条件总体上有很大改善，特别是变动回水区中下段（重庆以下河段）和常年回水区，航道尺度有较大幅度提升。针对库区河道泥沙冲淤变化造成局部库段在枯季库水位消落时出现淤积碍航的情况，通过港口优化布置、水库调度、航道管理和疏浚等应对措施，保证了航道畅通，这与论证结论是一致的。今后，随着上游梯级水库陆续建成，三峡水库入库沙量在相当长时期内将维持在较低水平，变动回水区泥沙淤积速度会放慢；但淤积仍会发生，而且航道对局部短时淤积十分敏感。因此，变动回水区泥沙淤积碍航问题，仍应持续关注。

## （六）坝区泥沙淤积及其影响

论证和初步设计阶段的结论是：关于坝区上、下游引航道淤积问题，运行初期可以采取疏浚措施加以解决，后期可采用防淤、冲沙、减淤等措施解决。关于电站泥沙问题，以调整排沙底孔布置加以解决。

三峡水库蓄水运用以来，2003 年 3 月—2013 年 10 月坝前段累积淤积泥沙量为 1.529 亿 m³，深泓平均淤积厚度为 33.9m，局部最大淤积厚度达 66m；主要淤积在主槽内，电厂前淤积面高程较低，但地下电站前泥沙淤积发展较快，取水口前淤积面高程已达 104.70m，高于地下电站排沙洞进口底板高程约 2.20m。坝上游船闸和升船机引航道、冲沙闸共用一座防淤隔流堤，即"全包"方案，对保障通航水流条件是有效的。永久船闸上引航道泥沙淤积较少，目前对航运未造成影响；下引航道存在一定的泥沙淤积，经疏浚保持了航道畅通。坝下近坝段河床发生的局部冲刷，未危及枢纽建筑物安全。

评估认为，三峡工程运用 11 年来，坝区泥沙淤积、河势情况和引航道的水流条件与论证和初步设计阶段预测结果基本一致，坝前泥沙淤积未对航道和发电造成不利影响，坝下近坝段河床发生的局部冲刷，未危及枢纽建筑物安全。今后应该对地下电站厂前淤积发展趋势及应对措施给予高度重视。

（七）维持宜昌枯水位的措施

宜昌枯水位是保证船队安全通过葛洲坝枢纽船闸下闸槛和下引航道的关键。论证和初步设计阶段的结论是：下阶段应研究满足下游引航道最低通航水位（庙嘴站）39.00m 要求的各项措施。

三峡水库蓄水运用后，宜昌至枝城河段河道冲刷强烈，2002 年 10 月—2013 年 10 月该河段平滩河槽共冲刷 1.44 亿 $m^3$（含河道采砂量）。由于坝下游河道冲刷，宜昌站同流量下枯水位下降，2013 年汛后 5500$m^3$/s 流量时实测水位为 39.20m，较 2002 年下降了 0.50m，已接近航运要求的宜昌枯水位 39.19m。三峡水库试验性蓄水后，通过增加枯期下泄流量，基本满足了葛洲坝枢纽下游最低通航水位的要求。河床护底加糙试验工程和胭脂坝坝头保护工程对遏止宜昌枯水位下降也有一定作用。

评估认为，三峡水库蓄水运用以来，宜昌枯水位持续下降，已接近了最低通航水位，目前通过加大水库下泄流量，保证了坝下游引航道的最低通航水位。由于坝下游还要经历长时期的冲刷，需要密切关注坝下游控制节点的冲刷情况和加强节点治理，尽早制定和实施宜昌至杨家垴河段的综合治理方案，并要禁止非法采砂，以免宜昌枯水位进一步下降。

（八）坝下游河床冲刷和对堤防安全的影响

论证和初步设计阶段的结论是：三峡工程兴建后，坝下游河道四五十年内河床将发生长距离冲刷，在同流量下水位有些下降；将根据下游河势调整的总趋势以及现有护岸工程情况，继续完善护岸工程，并对已建工程进行必要的加固。

2003 年三峡水库蓄水运用以来，长江中下游河道冲刷总体呈现从上游向下游发展的态势，目前河道冲刷已发展到湖口以下；2002—2013 年宜昌至湖口河段平滩河槽总冲刷量为 11.90 亿 $m^3$（含河道采砂量），多年平均年冲刷量为 1.06 亿 $m^3$/a，多年平均年冲刷强度为 11.50 万 $m^3$/(km·a)，其中，宜昌至城陵矶河段河道冲刷强度最大，该河段总冲刷量为 8.42 亿 $m^3$，多年平均年冲刷强度达 18.8 万 $m^3$/(km·a)。同时，三峡水库蓄水运用后坝下游河道河势出现了一定的调整，局部河段河势变化较大，而且崩岸塌岸现象时有发生，

2003—2013 年长江中下游干流河道共发生崩岸险情 698 处，崩岸总长度 521.4km，主要发生在蓄水运用前的崩岸段和险工段范围内。

评估认为，三峡水库蓄水运用以来，由于受入库和出库沙量大幅度减少及河道采砂等的影响，坝下游河道冲刷速度较快，范围较大；河道冲刷主要发生在宜昌至城陵矶河段，该河段的冲刷量在初步设计预测值范围之内，目前全程冲刷已发展至湖口以下；坝下游河势虽然出现了一定的调整，甚至局部河段河势变化较大，崩岸时有发生，但总体河势基本稳定，荆江大堤和干堤护岸险工段基本安全稳定，未发生重大崩岸险情，发生崩岸的护岸险工段经过抢护和加固，险情得到控制。但是，随着水库运行方式的正常化和坝下游河道泥沙冲淤的不断累积，今后下游河道的河势、崩岸塌岸等仍可能发生较大的变化。特别是三峡水库实行中小洪水调度后，汛期水库最大下泄流量基本控制在 45000m³/s 以内，长江中游堤防未经历大洪水考验，一些潜在问题尚未暴露，发生更大洪水时的堤防安全仍存在风险。对此仍需开展持续监测和深入研究，提出应对措施。

## （九）坝下游河床演变对航道的影响

论证和初步设计阶段的结论是：宜昌至江口河段有芦家河等卵石浅滩，在下游沙质河床大量冲刷的影响下，这些浅滩，特别是芦家河浅滩有可能变得更加水浅流急，需研究综合治理方案，谋求解决。

三峡水库的调节增加了坝下游河道的枯水期流量，试验性蓄水以后枯水期流量达到 5000m³/s 以上，有利于枯水航槽的冲刷，并提高了枯水期坝下游航道水深。但是，三峡水库汛后蓄水使得坝下游河道退水速度加快，汛期发生淤积的浅滩汛后难以有效冲深，浅滩航深变小；清水下泄对有利于维持航槽边界稳定的洲滩也造成了冲刷，使得一些滩体萎缩，河道展宽，有可能恶化通航条件；芦家河等砂卵石河段主要是河床冲刷造成水位下降和浅区河床航深处于恶化之势；沙质河段主要表现为河床冲淤调整较大，如洲滩冲刷、支汊发展和主流摆动，航道变化具有不确定性。针对坝下游航道出现的问题，航道部门先后在长江中下游修建了航道整治工程，加之对碍航浅滩及时疏浚维护，长江中下游航道得以保持畅通，宜昌至湖口河段的最小维护水深有所提高。

评估认为，三峡工程蓄水运用后对坝下游航道的影响基本在预测之中，水库调节有利于提高坝下游河道枯水流量的航道水深，但在汛后水库蓄水期，局部河段会出现一些碍航问题。针对坝下游航道出现的问题，航道部门通过修建航道整治工程和疏浚维护，使得长江中下游航道保持畅通。鉴于三峡水库运用时间较短，其对坝下游河道冲淤过程、河势变化和航道安全的影响仍需持续监测与深入研究。

### (十) 三峡水库运用对长江口的影响

论证和初步设计阶段的结论是：修建三峡工程后，长江口泥沙总量不会有明显的减少，不会对拦门沙的演变及围垦滩涂的速度带来明显的影响；修建三峡水库对长江口盐水入侵有利有弊，但影响不大。

三峡水库蓄水运用以来，长江口来水量略有下降，来沙量大幅度下降，2003—2013 年大通站年平均输沙量为 1.43 亿 t，较 2002 年前和 1991—2002 年分别减少了 66.5% 和 56%。发生这种情况，除三峡水库的拦沙作用外，还与长江中上游来沙量的持续减少和坝下游河道采砂等有一定关系。三峡水库蓄水运用后，在长江口来沙量大幅减少的状况下，澄通（江阴—徐六泾）河段由1977—2001 年淤积 0.698 亿 m³ 变为 2001—2011 年冲刷 2.06 亿 m³，长江口的南支、北支冲淤趋势虽然未发生变化，但南支由三峡水库蓄水前的多年平均年冲刷量 0.126 亿 m³/a 增至蓄水后的多年平均年冲刷量 0.316 亿 m³/a，北支由三峡水库蓄水前的多年平均年淤积量 0.243 亿 m³/a 略增为蓄水后的多年平均年淤积量 0.259 亿 m³/a。由于长江口来沙量减少，导致河口潮滩淤涨速率趋缓，口门附近的冲刷带开始显现。

评估认为，三峡水库蓄水运用后，长江口来沙量大幅度减少，超出论证阶段预期。在大通站输沙量大幅度减少的状况下，长江口河床冲刷已逐渐显现，但长江口河势总体格局尚未出现明显变化。由于长江口水沙过程及河床演变受河相和海相条件双重影响、规律非常复杂，而且近年来长江口的人类活动和各种工程建设规模巨大、影响深远，目前长江口滩槽冲淤变化与三峡工程之间的关系难以定量确定，需要加强系统性监测和综合研究。

## 二、水库调度运行相关泥沙问题的评估与分析

### (一) 中小洪水调度及其影响

三峡工程初步设计原定主要对较大洪水进行调节，水库按枝城流量 56700m³/s 控制出流。为了有效利用洪水资源，提高发电和航运效益等，三峡水库在开始试验性蓄水后，在汛期开展了中小洪水调度，水库实际控制下泄流量不超过 45000m³/s，水库汛期水位有较大提高，如 2012 年汛期水库平均水位为 152.78m，最高水位达 163.11m。中小洪水调度有效地利用了洪水资源，提高了三峡水库的发电和航运效益，但可能会产生 3 个方面的影响：一是由于中小洪水调度抬高了水库汛期水位，削减了初步设计的水库最大下泄流量，会增加防洪风险；二是水库排沙比减少，库区泥沙淤积将有所增加；三是水库下

泄洪水长期小于下游河道安全泄量，减少了漫滩洪水，会造成坝下游河道萎缩，影响河道长期演变，缩减河道大洪水时的行洪能力。

评估认为，在论证和初步设计阶段，建设三峡工程的主要目标是调节和控制流域性的较大洪水，为了充分发挥三峡工程的综合效益，目前对汛期中小洪水进行了调控，试验性蓄水期实施中小洪水调度有利有弊，对其不利影响及对策还应深入分析论证。

### （二）汛末提前蓄水时间

在初步设计中规定，三峡水库每年从 10 月 1 日起开始蓄水，10 月底蓄至 175m，需要蓄水 221 亿 $m^3$。三峡水库蓄水运行以来，10 月的实测来水量有减少的趋势，而长江中下游地区的需水量却有所增加。为保证汛后能蓄满水库和兼顾长江中下游用水要求，水库提前到 9 月 10 日开始蓄水，即汛后蓄水时间提前 20 天，而且 9 月 10 日的起蓄水位和 9 月底蓄水位均设定较高。

汛末提前蓄水有利于发挥三峡水库的综合效益。但是，汛后蓄水时间提前，水库排沙时间缩短，库区（特别是变动回水区）泥沙淤积有所增加；对于坝下游河道，可能会造成一些汛期发生淤积的浅滩汛后难以有效冲刷，航道维护量增加；同时，汛后蓄水时间提前，也使得洞庭湖和鄱阳湖提前进入枯水期，对湖区生态环境和水资源利用等产生一定影响。对这些问题及其影响需要深入研究。

### （三）水库其他调度调整

为了增加三峡水库的发电效益和减少弃水，试验性蓄水后，三峡水库实施汛期限制水位浮动（144.90～146.50m）、9 月底蓄水至较高水位（169m 左右）、汛前水位消落推迟至 6 月 20 日等调度调整的研究与试验。与初步设计的运行方式比较，这些措施将会抬高水库运行水位，延长水库高水位运行的时间，其结果皆会造成水库排沙比减小，增加水库的泥沙淤积，不利于水库有效库容的长期保持，也增大了发生后续大洪水时的防洪风险。考虑上游建库，泥沙来量大为减少，淤积的绝对量也在减少。因此，上述调度调整对水库泥沙淤积和防洪的影响需要进行长期的观测研究。

此外，为了减少三峡水库的泥沙淤积和提高水库排沙比，2012 年和 2013 年三峡水库还开展了库尾减淤调度试验和汛期沙峰排沙调度试验的探索。三峡水库消落期库尾冲淤变化受入库水沙条件、消落过程及河段内前期淤积量等诸多因素的综合影响，水库排沙比受到坝前水位、入库流量与沙量等因素的影响。因此，库尾减淤调度试验和沙峰排沙调度试验的机理、指标和效果需要进一步分析。

## （四）江湖关系变化及其影响

实测资料表明，受流域来水偏枯、三峡水库蓄水运用等综合影响，长江"三口"（松滋口、太平口、藕池口）分流入洞庭湖的多年平均年水量由蓄水前1991—2002年的622亿$m^3$减少为蓄水后2003—2013年的484亿$m^3$；"三口"分流比从14％减至12％，但在枝城同流量条件下的"三口"分流比变化不大。"三口"入洞庭湖的多年平均年输沙量由蓄水前1991—2002年的6627万t，减少为蓄水后2003—2013年的1083万t；2003—2013年"三口"分沙比为19％，与蓄水前1981—2002年的18.7％基本相同。三峡水库蓄水运用后荆江与"三口"河道都发生了冲刷，"三口"枯水期断流天数略有增加。未来荆江和"三口"河道的冲刷发展对"三口"分流和断流的影响有待持续观察。

由于"三口"和"四水"（湘江、资水、沅江、澧水）进入洞庭湖的水沙量减少，城陵矶出洞庭湖的水沙量也减少，2003—2013年"三口"和"四水"进入洞庭湖的多年平均年水、沙量分别为2010亿$m^3$和0.19亿t，比1991—2002年分别减少了约19％和78％。2003—2013年城陵矶出洞庭湖的多年平均年水、沙量分别为2289亿$m^3$和0.185亿t，比1991—2002年分别减少了约20％和23％。"三口"河道和洞庭湖区多年平均年淤积量由蓄水前1991—2002年的6276万t减少为蓄水后2003—2013年的56万t。三峡水库蓄水运用后，城陵矶同流量的枯水位有所下降，螺山站枯水流量10000$m^3$/s时，水位下降了0.79m。

鄱阳湖"五河"（赣江、抚河、信江、饶河、修河）多年平均年入湖沙量从三峡水库蓄水前1956—2002年的1465万t减少至蓄水后2003—2013年的607万t，湖口站年平均出湖沙量从蓄水前1956—2002年的938万t增加为蓄水后2003—2013年的1241万t，湖区泥沙冲淤量由蓄水前的淤积527万t转为蓄水后的冲刷634万t，入江水道段湖口站断面深槽平均下切约2m。由于入江水道冲淤变化与鄱阳湖来水来沙、长江干流水位变化和采砂活动等有关，入江水道冲刷下切的具体原因需进一步研究。三峡工程运用后，2003—2008年鄱阳湖湖口年平均倒灌水量29亿$m^3$，与三峡工程运用前接近；三峡水库实施中小洪水调度后，减小了干流洪水的上涨速度，使鄱阳湖倒灌水沙量大幅减小，2009—2013年期间年平均倒灌水量只有1.7亿$m^3$，减少了99％。

评估认为，三峡工程运行以来，受流域来水偏枯、三峡水库蓄水运用、湖区社会经济用水、采砂等因素的影响，长江"三口"分流分沙量继续减少，减缓了洞庭湖泥沙淤积，与论证预测一致；三峡水库汛后蓄水，水库下泄流量减小，加之坝下游河道冲刷后同流量下水位下降，使洞庭湖和鄱阳湖出流加快，两湖枯水位出现时间有所提前。长江与洞庭湖和鄱阳湖关系的变化涉及水资源和生态环境影响等多方面问题，需要进一步综合研究。

### （五）河道与航道整治工程及其影响

三峡工程建设和运行期间，国家投资实施了长江重要堤防隐蔽工程建设。三峡水库蓄水运用后，根据荆江河道的变化情况，2006—2008年国家投资实施了荆江河段河势控制应急工程，2010年后进一步实施了下荆江河势控制工程，对长江中下游河势控制起到了积极作用。由于长江中下游河道的冲刷尚在发展之中，长期的河势调整及其影响目前难以准确预测，需要加强跟踪观测和研究。

在三峡工程建设和运行期间，长江航道部门对长江中下游河道实施了一系列"稳滩固槽"的航道整治工程，对可能出现碍航的分汊河段和主要浅滩进行了治理。治理后，不利的变化趋势得到控制，航道趋于稳定，航道维护水深有所提高，航道条件得到改善，船舶货运量逐年增大。目前长江中下游尚有部分航道未治理或需要进一步治理。鉴于三峡水库运用时间较短，其对坝下游航道安全的影响仍需持续监测与深入研究。

### （六）河道采砂的影响

河道采砂是论证和设计阶段中未曾考虑的问题。近20年来，长江河道的采砂数量巨大，成为对河道演变的重要影响因素之一。库区采砂有利于减缓泥沙淤积，如近年来重庆主城区河道年平均采砂量在400万t左右，这是导致该河段受蓄水影响后仍发生冲刷的重要原因之一。坝下游河道采砂，加剧了河道的冲刷。对于河道的非法采砂，要特别注意采砂对河势变化、航道稳定和堤防安全的不利影响。对于宜昌下游河段，需要注意采砂对宜昌枯水位下降的影响。河道采砂目前是关系沿江经济发展和当地收入的一项重要产业，不可能强行禁止，但必须善于引导，依法进行，使之趋利避害。

## 三、结论与建议

### （一）主要评估结论

泥沙问题是三峡工程建设需要解决的关键技术问题之一。在三峡工程论证、设计、建设和运行的各个阶段，对工程泥沙问题始终坚持原型观测调查与分析、泥沙数学模型计算与实体模型试验紧密结合的研究方法，对重大的工程泥沙问题组织多家单位参与进行系统、持续和平行的研究，以吸纳各种不同意见，多方比较，集思广益，形成较为全面的认识，为三峡工程建设规模、运行方式、有效库容长期保持等重大技术问题的解决提供了重要支撑，并在泥沙运动理论、模拟技术和调度运用等方面取得了一批高水平的成果。

评估认为，三峡水库蓄水运用以来，入库沙量大幅度减少，水库运行基本遵循"蓄清排浑"的原则，并根据实际情况，对水库运行调度方案进行了适当调整，水库实测泥沙淤积量明显小于论证和初步设计阶段的预测值。目前水库泥沙淤积尚未对重庆主城区河段洪水位产生影响，三峡库区航运条件得到明显改善，坝区泥沙淤积未对发电和引航道通航造成不利影响。坝下游河道冲刷不断向下游发展，冲刷速度较快、范围较大，局部河段河势调整剧烈，崩岸时有发生，江湖关系发生一定变化，但至今坝下游河道总体河势基本稳定，堤防工程基本保持安全稳定，未出现重大险情；三峡水库调节增加了坝下游河道枯水流量下的航道水深，洲滩冲淤变化对航运造成的影响可通过航道整治工程、疏浚和水库调度等加以克服。长江入海泥沙大幅度减少，长江口冲刷逐渐显现，但长江口总体格局尚未出现显著变化。综上所述，三峡水库采用"蓄清排浑"的运行方式解决泥沙问题是正确的。2003年三峡水库蓄水运用以来，三峡工程泥沙问题及其影响未超出原先的预计，局部问题经精心应对，仍处于可控之中。今后，随着三峡水库上游干支流新建水库群的联合调度和蓄水拦沙，三峡水库入库沙量在相当长时段内将处于较低的水平，三峡水库的泥沙淤积总体上会进一步减缓，有利于水库有效库容的长期保持。从泥沙问题方面来看，三峡水库正式进入正常运行期是可行的。

但是，泥沙的冲淤变化及影响总体上是一个逐步累积的长期过程，目前三峡工程仅运行11年，入库水沙也还未经历大水大沙年份，泥沙问题尚处于初始阶段。今后随着时间的推移，泥沙问题的影响和后果会逐渐累积和加剧。同时，还有些泥沙问题具有偶发性和随机性，如局部河段的岸坡滑移、堤岸崩塌、主流摆动、河床剧烈调整等，必须随时应对。三峡水库蓄水运用以来，已经暴露的泥沙问题主要如下：

（1）重庆主城区河段因砾卵石淤积与推移而导致消落期局部河段航行条件困难，铜锣峡以下变动回水区与常年回水区重点河段累积性淤积对航道形成潜在威胁。

（2）水库"蓄清排浑"运行方式在汛期低水位排沙与壅水发电和航运调度之间存在一定矛盾；中小洪水调度、汛限水位上浮、推迟消落等都将会引起库区泥沙淤积量增加和坝下游河道萎缩，并加大后续洪水的防洪风险。

（3）坝下游河道冲刷向下游发展速度较快，宜昌枯水位偏低，崩岸时有发生，局部河段河势调整剧烈，部分河段非法采砂等，对长江中下游防洪与航运构成威胁。

（4）江湖关系的发展变化，洞庭湖和鄱阳湖分流量和分沙量下降对湖区防洪、水资源和环境的影响，尚缺乏全面、综合的研究。

（5）进入长江口的沙量大幅度减少对长江口冲淤演变的影响尚未深入研究。

上述泥沙问题将随着三峡水库的持续运行而不断发展和变化，事关长江防洪与航运安全，直接影响三峡工程的综合功能和长远效益的发挥，也将成为社会新的关注点，需要密切跟踪监测和深入研究，并提出应对策略，不可放松警惕。

## （二）建议

为了配合三峡水库的优化调度，充分发挥三峡工程的综合效益，根据三峡水库蓄水运用以来的经验和新出现的泥沙问题，对今后三峡工程泥沙工作提出如下建议：

（1）坚持长期水文泥沙监测，制定和实施三峡工程的泥沙原型观测长远计划；加强长江上游来水来沙变化、水库有效库容长期保持、下游河道冲刷与水位变化、江湖关系变化、下游生态泥沙、长江口演变等方面的科学研究。

（2）高度重视水库调度运用中的有关泥沙问题，包括水库如何坚持和优化"蓄清排浑"的运用方式、中小洪水调度控制指标及其影响、实现上游水库群联合优化调度等。

（3）抓紧研究拟议中的水库上下游重点河段的河道治理、航道整治、浅滩治理等工程，并根据具体情况适时实施这些重点河段的整治工程。

# 主 要 参 考 文 献

[1] 长江三峡工程论证泥沙专家组. 长江三峡工程泥沙与航运专题泥沙论证报告 [R]，1988.

[2] 水利部长江水利委员会. 三峡水利枢纽初步设计报告：第十一篇 环境保护 [R]，1992.

[3] 三峡工程泥沙专家组. 长江三峡工程泥沙与航运关键技术研究报告（上、下） [R]，1993.

[4] 三峡工程泥沙专家组. 长江三峡工程泥沙问题研究（1996—2000）：第一～八卷 [M]. 北京：知识产权出版社，2002.

[5] 三峡工程泥沙专家组. 长江三峡工程泥沙问题研究（2001—2005）：第一～六卷 [M]. 北京：知识产权出版社，2008.

[6] 三峡工程泥沙专家组. 长江三峡工程泥沙问题研究（2006—2010）：第一～八卷 [M]. 北京：中国科学技术出版社，2013.

［7］　三峡工程泥沙专家组．长江三峡工程围堰蓄水期（2003—2006 年）水文泥沙观测简要成果［M］．北京：中国水利水电出版社，2008．

［8］　三峡工程泥沙专家组．长江三峡工程初期蓄水（2006—2008 年）水文泥沙观测简要成果［M］．北京：中国科学技术出版社，2009．

［9］　长江水利委员会水文局．三峡水库进出库水沙特性、水库淤积及坝下游河道冲刷分析［R］，2003—2013．

［10］中华人民共和国水利部．中国河流泥沙公报 2000—2013 年［M］．北京：中国水利水电出版社，2001—2014．

［11］中国科学院环境评价部，长江水资源保护科学研究所．长江三峡水利枢纽环境影响报告书［R］，1991．

［12］中国工程院三峡工程试验性蓄水阶段评估项目组．三峡工程试验性蓄水阶段评估报告［M］．北京：中国水利水电出版社，2014．

［13］中国工程院三峡工程阶段性评估项目组．三峡工程阶段性评估报告　综合卷［M］．北京：中国水利水电出版社，2010．

［14］三峡工程泥沙专家组．长江三峡工程 2003—2009 年泥沙原型观测资料分析研究［R］，2012．

［15］曹广晶，王俊．长江三峡工程水文泥沙观测与研究［M］．北京：科学出版社，2015．

附件：

# 课 题 组 成 员 名 单

## 专　家　组

顾　问：张　仁　清华大学教授

组　长：胡春宏　中国水利水电科学研究院教授级高级工程师，中国工程院院士

副组长：戴定忠　水利部原科技司司长，教授级高级工程师

　　　　韩其为　中国水利水电科学研究院教授级高级工程师，中国工程院院士

　　　　王光谦　青海大学校长，清华大学教授，中国科学院院士

成　员：陈济生　长江科学院教授级高级工程师

　　　　潘庆燊　长江科学院教授级高级工程师

　　　　荣天富　长江航道局教授级高级工程师

谭　颖　国际泥沙研究培训中心教授级高级工程师
王桂仙　清华大学教授
谢葆玲　武汉大学教授
邓景龙　中国长江三峡集团有限公司教授级高级工程师
唐存本　南京水利科学研究院教授级高级工程师
曹叔尤　四川大学教授
严以新　河海大学教授
李义天　武汉大学教授
周建军　清华大学教授
窦希萍　南京水利科学研究院教授级高级工程师
卢金友　长江科学院教授级高级工程师
唐洪武　河海大学教授
刘怀汉　长江航道局教授级高级工程师
陈晓云　长江航道局教授级高级工程师
陈华康　长江科学院教授级高级工程师

## 工　作　组

范　昭　国际泥沙研究培训中心教授级高级工程师
王延贵　国际泥沙研究培训中心教授级高级工程师
曹文洪　中国水利水电科学研究院教授级高级工程师
陈松生　长江水利委员会水文局教授级高级工程师
许全喜　长江水利委员会水文局教授级高级工程师
何　青　华东师范大学教授
方春明　中国水利水电科学研究院教授级高级工程师
陈绪坚　中国水利水电科学研究院教授级高级工程师
朱光裕　中国长江三峡集团有限公司教授级高级工程师
李志远　中国长江三峡集团有限公司高级工程师
韩　飞　长江航道局高级工程师
纪国强　长江委长江勘测规划设计研究院教授级高级工程师
胡向阳　长江科学院高级工程师
安凤玲　清华大学高级工程师

# 报　告　三

# 地质灾害评估课题简要报告

## 一、概述

地质灾害评估课题是三峡工程建设第三方独立评估项目下设的 12 个课题之一，本报告将总结三峡工程建设中的地质灾害防治经验教训，分析主要的地质灾害问题，综合评估地质灾害防治现状，并提出需关注的地质灾害问题和进一步防治建议。

自 2014 年 1 月以来，课题组制定了工作大纲，成立专家组和工作组；6 月中旬，专家们到三峡库区进行了现场考察，在重庆召开了相关座谈会和第一次专家组工作会议，专家组进行了分工；9 月中旬完成了初步讨论稿，并向项目组进行了阶段性进展汇报；10 月 26 日提出讨论稿，并在北京召开第二次专家组工作会议。在此基础上形成《三峡工程建设第三方独立评估项目地质灾害评估课题报告（初稿）》。2015 年 3 月 27—29 日，课题组在宜昌召开第三次专家组工作会议，对课题报告及提交的 4 个专题研究报告进行了审议，在此基础上形成了地质灾害评估课题报告和专题报告，并在评估课题报告中提出了基本结论意见及建议。

## 二、三峡工程区域地质条件及前期地质灾害

三峡工程库区位于中国地形第二级阶梯和第三级阶梯的过渡带，自库首至库尾由多个褶皱带构成，致使库区滑坡发育分布。根据库区的工程地质条件、环境及工程地质问题的差异，可将库区划分为 3 个库段：①下库段——结晶岩低山丘陵宽谷段，从坝址至庙河，库段长 16km，由黄陵背斜核部前震旦纪结晶岩体组成，两岸地形低缓，河谷开阔，风化砂组成的岸坡易产生塌岸，无大型滑坡发育，历史及现今地震活动微弱；②中库段——碳酸盐岩夹碎屑岩中山峡谷段，从庙河至白帝城，库段长 141.5km，构造上属上扬子台褶带的黔江拱褶断束，崩塌、滑坡比较发育；③上库段——碎屑岩低山丘陵宽谷段，从白

帝城至库尾猫儿峡，库段长 492.5km，构造上属四川台坳的川东褶皱带。在中、缓倾角顺向坡库段，崩塌、滑坡较为发育；在近水平岩层分布库段，多发育崩塌、大型滑坡体，近库岸多形成变形体。

在这样的地质环境下，加之受暴雨等因素的影响，在三峡工程建设前，三峡库区历史上就是我国地质灾害多发区之一。1982 年 7 月 15—30 日，渝东地区连降特大暴雨，在万州、云阳、奉节、巫山等地区触发滑坡 8.1 万多处，20 余万户约 100 万人受灾，毁坏耕地 10 万亩、房屋 3.6 万间，造成 1.4 万户人无家可归，并触发了云阳鸡扒子滑坡，约 180 万 m³ 滑坡体冲入长江，严重阻碍长江黄金水道的通行。1985 年 6 月 12 日，秭归新滩滑坡导致千年古镇新滩被摧毁滑入长江，激起涌浪高 54m，中断长江航运 12 天。由于预报准确及时，当地政府果断采取应急避险措施，滑坡区内 457 户 1371 人无一伤亡和失散，险区内航运的 11 艘客轮及时避险，成为全国滑坡预报的经典范例。2001 年 5 月 1 日，武隆区江北西段发生了滑坡，滑坡体约 1.6 万 m³，致使一幢 9 层楼房被滑坡体摧毁掩埋，造成 79 人死亡、7 人受伤。该滑坡惨剧发生后，三峡库区及时总结了地质灾害防治经验教训，修编了三峡工程库区移民迁建规划，设立了地质灾害防治专项资金，系统全面地开展了地质灾害综合治理。

## 三、三峡工程库区地质灾害防治

2001 年 7 月，国家设立 40 亿元专项经费对涉及二期蓄水 135m 水位必须防治的地质灾害实施防治（以下简称"二期规划"）。规划范围包括：坝前 135m 水位接非汛期 20 年一遇洪水水面线回水范围，在此范围内受二期蓄水影响的涉水滑坡（前缘高程低于 135m 水位回水线）和位于二期移民迁建区及专业设施复建区的崩塌滑坡以及库区内需紧急治理的崩塌滑坡。主要涉及湖北夷陵、秭归、兴山、巴东，以及重庆巫山、奉节、云阳、万州、忠县、石柱、丰都、涪陵等县（区）的库区范围。

2003 年水库蓄水 135m 水位以后，又对三期蓄水（2006 年汛后，坝前水位 156m）后到四期蓄水（2009 年汛后，坝前水位 175m）前受影响的滑坡、崩塌和塌岸进行防治（以下简称"三期规划"）。防治范围包括：坝前 175m 水位接非汛期 20 年一遇回水水面线范围和位于三期、四期移民迁建区及专业设施复建区的崩塌滑坡。

在移民迁建区，实施了近 3000 处高切坡治理，防护对象包括城（集）镇移民搬迁安置规划区、农村移民集中居民点、镇外迁建工矿企业生产生活用房和重大专业项目复建区。

经对 428 处滑坡和 302 段不稳定库岸的工程治理，库岸稳定性得到加强，确保了 79 座涉水城镇的库岸稳定，大部分解除了崩塌滑坡对移民迁建城镇和重要农村移民迁建点构成的危害。通过工程治理，减轻了滑坡下滑入江成灾的隐患，同时避免了地质灾害对港口、码头和道路的危害，增加了长江航运安全。

同时，三峡库区二期、三期规划地质灾害监测点共计实施了 3049 处，监测保护人口近 60 万。二期、三期地质灾害搬迁避让项目 525 处，涉及 626422 人。通过实施地质灾害监测预警和搬迁避让，更大范围地提高了人民生命财产和长江航运安全保障程度。例如，2003 年实施 135m 水位蓄水以来，监测预警了千将坪滑坡、坍口湾滑坡、高塘观滑坡等滑坡险情 236 处，应急搬迁转移 2063 人，取得了良好成效；2006 年实施 156m 水位蓄水以来，专业监测对 42 处滑坡进行了预警，对其中的 3 处滑坡进行了橙色预警，11 个滑坡 1712 人采取了应急搬迁；2007 年汛期，三峡地区遭遇了 100 年一遇暴雨袭击，三峡库区范围内监测预警及时，发现险情立即处置，未造成人员伤亡。

在塌岸防护工程当中，同时使库岸环境和景观得到了改善。例如，重庆市有 27 个项目结合市政、移民迁复建工程等实施了综合治理，其中云阳新县城库岸防护，保证了县城安全，美化了县城环境，增加了建设用地；湖北省宜昌市夷陵区杨家湾—黄陵庙岸坡、夷陵区太平溪镇库岸、秭归县凤凰山等地段，治理后岸坡的形象明显改善，美化了坝区环境。

## 四、三峡水库蓄水地质灾害趋势

### (一) 基本状况

2008 年 9 月—2014 年 8 月，三峡工程进行了 6 次试验性蓄水，其中，2008 年、2009 年试验性蓄水坝前最高水位分别为 172.80m、171.40m；2010 年、2011 年和 2012 年、2013 年试验性蓄水均达到正常蓄水位 175m。

2008 年 9 月 175m 水位试验性蓄水以来，截至 2014 年 8 月 31 日，三峡工程库区共发生变形加剧和新生的地质灾害灾险情 417 处（见表 1 和图 1），其中，湖北库区 116 处，重庆库区 301 处。滑坡崩塌总体积约 3.5 亿 m³，塌岸约 60 段总长约 25km。紧急转移群众 12200 人，其中湖北转移 5200 人，重庆转移 7000 人。

表 1　　　　175m 水位试验性蓄水期新生地质灾害次数统计

| 地段 | 2008 年 | 2009 年 | 2010 年 | 2011 年 | 2012 年 | 2013 年 | 2014 年 | 合计 |
|---|---|---|---|---|---|---|---|---|
| 重庆库区 | 243 | 16 | 12 | 11 | 11 | 5 | 3 | 301 |
| 湖北库区 | 90 | 5 | 12 | 1 | 4 | 2 | 2 | 116 |
| 全库区 | 333 | 21 | 24 | 12 | 15 | 7 | 5 | 417 |

注　统计时段为 2008 年 9 月 1 日—2014 年 8 月 31 日。

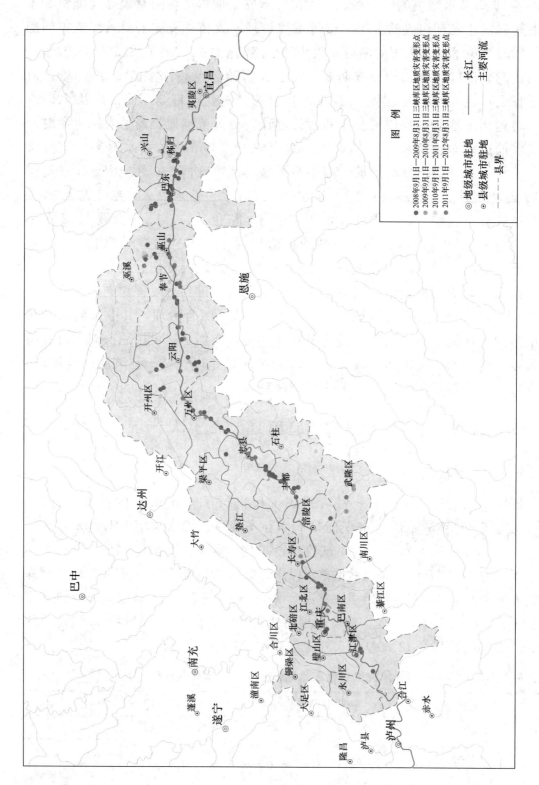

图1 三峡工程库区175m水位试验性蓄水新生地质灾害分布图

## （二）水位升降速率对地质灾害的影响分析

### 1. 2008 年 9 月—2011 年 8 月期间 3 次水位升降

2008 年首次 175m 水位试验性蓄水期间，水位平均升幅为 0.744m/d，为滑坡高发阶段。2009 年的水位升幅（平均 0.322m/d）和 2010 年的水位升幅（平均 0.311m/d）降低了 50%，滑坡明显减少。

通过研究 2009—2011 年两次 175m 水位试验性蓄水期间 5 日最大上升幅度和最大下降幅度，以及对应 10 日之内发生的滑坡关系表明，单日水位上升幅度小于 1.50m 时和下降幅度小于 1.15m 时，滑坡发生规律呈随机性。

### 2. 2011 年 9 月—2014 年 8 月期间水位升降

表 2 统计了单日、5 日和 10 日 3 个时间窗工况下日均水位的最大变幅。这一变幅虽比 2009 年和 2010 年的略大，库区新生地质灾害发生率却趋缓。经过 6 年来的 175m 水位试验性蓄水，已逐渐摸索出了一套与库区库岸稳定相适应的调度模式，新生地质灾害显著减少。

表 2　　　　175m 水位试验性蓄水水位升降日均最大变幅统计表　　单位：m/d

| 单日 | | 5 日平均 | | 10 日平均 | |
|---|---|---|---|---|---|
| 上升 | 下降 | 上升 | 下降 | 上升 | 下降 |
| 1.40～3.21 | 0.90～1.67 | 0.72～1.89 | 0.45～1.15 | 0.54～1.39 | 0.45～1.07 |

因此，库区水位升降变幅总体控制在 2012 年以来的水平，库岸滑坡风险属于低—中风险的水平（见表 3）。

表 3　　　　　　库区库岸滑坡低—中风险对应的水位升降
最大变幅值估计表

| 项目 | 单日 | | 5 日累计 | | 10 日累计 | | 多日过程平均[①] /(m/d) | |
|---|---|---|---|---|---|---|---|---|
| | 上升 | 下降 | 上升 | 下降 | 上升 | 下降 | 上升 | 下降 |
| 总幅度 | 2.0～3.0m | 1.0～1.5m | 7.0～9.0m | 4.5～5.5m | 10.0～13.5m | 8.0～10.0m | 0.45 | 0.15 |
| 平均幅度 | 2.0～3.0m | 1.0～1.5m | 1.4～1.8m/d | 0.9～1.1m/d | 1.0～1.4m/d | 0.8～1.0m/d | | |

① 多日过程平均指 175m 水位蓄水的上升全过程（大于 45 日）和下降全过程（大于 160 日）。

分析表明，三峡库区 175m 水位试验性蓄水后，诱发滑坡规律与国内外同类山区水库蓄水变化规律相吻合。蓄水初期为滑坡高发时段，随着时间推移，呈递减态势，特别是在库区水位变化幅度小于初期、加上后期滑坡治理和库岸防护力度得到加强的情况下，更为明显。但是，在蓄水变化一段时期后，蓄水引发的滑坡较少，降水阶段发生滑坡将增多。今后，应当对每年175m水位蓄水之后的降水阶段，从降水渗流梯度、渗流时间控制着手进行滑坡风险的深入研究。

## 五、2014年三峡地区"14·9"特大暴雨地质灾害分析

2014年8月26日以来，重庆东北、湖北西部地区发生持续强降雨。8月31日—9月1日，重庆东北遭受100年一遇特大暴雨，云阳县局部地区日最大雨量超过400mm，9月12日，该区再次遭受集中暴雨，最大降水量282.9mm，其中，1h雨量达到118.4mm。8月26日—9月2日，湖北秭归县、巴东县、兴山县8天累计雨量均超过200mm，其中，9月2日秭归县境内24h雨量达到171.3mm。

据初步调查，此次特大暴雨触发地质灾害2520处（见表4），其中，体积超过500万m³的大型滑坡55处，威胁100人以上滑坡397处。在重庆非库区发生地质灾害2164处，造成了48人死亡、131人受伤，避让转移45754人。在湖北非库区发生地质灾害57处，无人员伤亡，避让转移1824人。

表4　　　　2014年三峡地区"14·9"特大暴雨地质灾害统计

| 项目 | 地质灾害/处 | | | 死亡/人 | | | 避让/人 | | |
|---|---|---|---|---|---|---|---|---|---|
| | 重庆 | 湖北 | 小计 | 重庆 | 湖北 | 小计 | 重庆 | 湖北 | 小计 |
| 非库区 | 2164 | 57 | 2221 | 48 | 0 | 48 | 45754 | 1824 | 47578 |
| 库区 | 251 | 48 | 299 | 0 | 0 | 0 | 9260 | 1995 | 11255 |
| 合计 | 2415 | 105 | 2520 | 48 | 0 | 48 | 55014 | 3819 | 58833 |

此次暴雨在三峡库区触发了地质灾害共299处，其中最为严重的有巫山128处、云阳62处、奉节41处、巴东县28处、开州区20处、秭归县15处（见图2）。由于成功预警，紧急转移和撤离人数达11255人（湖北1995人，重庆9260人），未造成人员伤亡。9月2日13时，库区支流秭归沙镇溪镇杉树槽发生80万m³滑坡，造成大岭电站厂房和G348国道200m长路段滑入三峡水库，同时导致部分管道和输电线路损毁，由于秭归县国土资源部门成功预警，并组织人员及时撤离，避免了滑坡体上8户23人的伤亡。

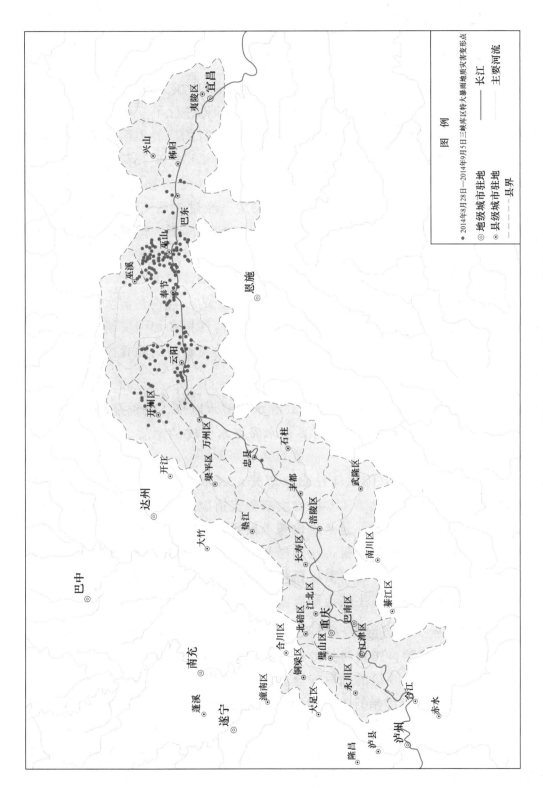

图 2  2014 年 8—9 月三峡库区及邻区特大暴雨地质灾害分布图

## 六、地质灾害评估意见

### (一) 先期阶段性评估结论

2008 年，受国务院三峡工程建设委员会委托，中国工程院进行过三峡工程论证及可行性研究结论的阶段性评估；2013 年又进行了三峡工程 175m 水位试验性蓄水的阶段性评估，总体认为：经工程运行的检验表明，论证和可行性研究报告的主要认识和结论是基本正确的。自 2003 年 135m 水位蓄水至 2008 年 175m 水位试验性蓄水期间，水库区没有发生危害移民生命财产安全、航运交通以及工程施工和运行的重大地质灾害。经过先后三期的地质灾害治理，许多潜在的地质灾害得到了有效治理，风险明显降低。但是，三峡库区是滑坡灾害的多发区，加之城镇化加快，人口较密集，库岸岸坡失稳造成的危害比其他水库严重，而水库蓄水导致岸坡岩土体稳定条件发生变化，导致一些老崩滑体复活和产生一些新的崩滑现象都是无法避免的，特别是蓄水满库之后泄水阶段以及遭遇特大洪水年份，应当特别加强灾情预报和加强灾情监控，并对严重风险地段及时治理。因此，仍应加强库区地质灾害的风险管控。

### (二) 本次评估结论

**1. 三峡工程水库自 2003 年开始 135m 水位蓄水以来，特别是经过 2008 年以来 6 次 175m 水位试验性蓄水运行，由水库蓄水引发的地质灾害已由高发期向低风险水平的平稳期过渡**

2008 年开始 175m 水位试验性蓄水以来，因水库水位周期性涨落变化，改变了库岸地质条件，诱发了 410 多处滑坡等灾情险情，造成了水库淹没线之上局部地段的房屋、土地及部分基础设施等损毁，对居民生产、生活带来了不利影响。通过不断摸索总结经验，特别是开展了水库调度与地质灾害监测预警会商联动之后，蓄水引发的库岸滑坡已从 2008 年的 333 次下降到近几年的 10 次以下，且主要分布在长江主航道和支流地段。

**2. 通过对地质灾害防治工程的实施，库区移民城镇库岸整体稳定性明显提高。经蓄水运行检验，工程防护效果良好，保障了库区移民迁建城镇，复建港口、码头、道路、文物等的地质安全**

通过地质灾害的工程治理和避让搬迁，极大地改善了库区地质环境。同时，建立了覆盖全库区的地质灾害监测预警网络，保护了库区人民生命财产安全。如云阳县西城滑坡，通过避险搬迁，既避免了居民受西城滑坡和五峰山滑坡的威胁，又改善了居民的生活环境。

在三峡工程建设前长期遭受地质灾害严重危害的巴东、巫山、奉节、云阳、万州等城市和数十座集镇的地质安全显著提高，甚至消除了重大地质灾害带来灭顶之灾的隐患。同时，一批受地质灾害威胁的国家级文物也得到了系统保护。这些滑坡和库岸治理工程整体上经受了三峡水库175m水位试验性蓄水运行、特大暴雨洪灾的严峻考验。

3. 通过建立覆盖全库区的地质灾害监测预警网络，早期预警能力明显提高，成功预警和应急处置了400多处地质灾害，有效地避免了地质灾害造成的人员伤亡

三峡库区成立了国家、省（直辖市）、县（区）三级地质灾害防治组织机构和相应的技术支撑机构，形成了覆盖全库区的现代化监测预警网络和综合减灾防灾体系，实施完成了650余处滑坡险区居民搬迁避让，设立了3100多处地质灾害标准化监测点。通过开展地质灾害巡查、勘察、监测预警和应急处置，库区经受住了2007年和2014年百年罕遇暴雨诱发地质灾害的袭击，成功预报和处置了千将坪、曾家棚、杉树槽等410多次滑坡灾（险）情，及时撤离人员近10万人，自2003年水库蓄水以来，库区未发生因地质灾害造成的人员伤亡，保障了人民生命财产和长江航运的安全。

4. 科技进步在三峡库区地质灾害防治中发挥了重要支撑作用，保障了库区120余万移民、百余个城镇和长江航运的地质安全，维护了库区社会经济可持续发展

三峡工程自1994年开工建设，特别是2001年以来，库区全面加强了地质灾害的防治，组织了雄厚的科技力量对重大地质灾害难题联合攻关，创新了地质灾害防治理论与技术方法，建立了系列技术标准，有力地支撑了库区地质安全和移民安置，并推动了地质灾害防治行业的科技进步。同时，汇集了来自全国各地的数百家地质灾害防治专业技术队伍和数千名科技人员，形成产、学、研、用相结合的优势力量，及时开展防治工程勘察、设计、施工、监测预警。同时，培养了一大批从事地质灾害防治工程的专业队伍，并普及了地质灾害防治知识，增强了库区人民防灾减灾意识。

5. 三峡库区地质环境变化巨大，引发滑坡灾害的新风险仍不容忽视，需加强对地质灾害隐患的早期识别，提高预警预报科学水平与加强防治工程的实施

第一，随着全球气候极端异常，三峡库区的暴雨强度和频度还会不断增高；第二，三峡库区城镇化快速发展，工程活动明显加剧，人口无序激增，都会影响到地质环境容量和已有的地质稳定性；第三，支流库岸地质勘察程度相对偏低，存在难以准确圈定和预测的新生型突发地质灾害隐患；第四，峡谷区

的陡坡地带滑坡崩塌造成的涌浪灾害也不容忽视。此外，目前分布在三峡库区的 3000 余处滑坡点仅采取了监测预警措施，灾害风险仍然存在。这些因素使得库区地质灾害防治的复杂性仍然长期存在。

## 七、几点建议

数据显示，经过 2008 年以来 6 次 175m 水位试验性蓄水检验，三峡工程库区因蓄水诱发地质灾害的趋势总体趋向平稳。但是，由于三峡库区地质条件复杂，库水位每年变动 30m 等原因，特别是近期极端降雨频现，库区城镇化快速发展，建设规模远超出了规划预期，人为工程活动明显加剧，因此，库区地质灾害防治工作将面临新的压力，不应松懈。为此，提出如下建议：

**1. 要严格科学管控库区城镇建设规模和各类工程建设规模，加强地质环境管护和城镇建设用地适宜性评估**

三峡工程建设带动了水库两岸乃至长江流域的经济发展，库区城镇建设速度加快，高楼林立，带来了新的地质问题。地质环境容量严重不足，不得不利用滑坡体作为建设场地。同时，不少治理后的边坡被改造为建筑物地基，加载严重，甚至毁损了已有的防护工程，地质灾害风险加大。应科学合理布局与调整城镇功能，加强地质灾害风险管理，保障地质安全和经济社会可持续发展。

**2. 健全库区现代化的地质灾害监测网络，提高地质灾害监测预警自动化、标准化和远程化水平，提升长期预报和应急处置能力**

三峡库区建立了群测群防和专业队伍相结合的监测预警网络，成效显著，但是也占用了大量人力物力。应加强现代化地质灾害监测技术的示范推广，特别是加强水动力条件变化库岸孔隙水压力的监测，科学确定不同地质地貌区段各种地质灾害类型的预警阈值，加强监测机构能力和应急机构能力建设，实现地质灾害监测信息化、自动化、标准化，确保及时有效地处置险情灾情。巴东、巫山和奉节新县城地质结构破碎、人口密度大，地质灾害风险高，应加强县城地质安全监测力度，进一步完善地质灾害监测体系。

**3. 提高库区支流的地质灾害勘察程度，提升地质灾害隐患的早期识别和防范能力**

库区香溪河、青干河、神农溪、乌江等支流沿岸多为紫红色泥岩构成的易滑地层或者滑坡堆积体，地质勘察程度相对较低，目前集镇和居民点规模膨胀，人口密度逐年增大，开挖堆载等工程活动增强，使其成为滑坡灾害高发的地区。应当防范由于库水对岩土体软化和水位波动造成的居民点建筑失稳灾害。同时，要提高支流沿江地段集镇的防治标准和治理安全等级，确保地质安全。

**4. 加强峡谷地带高陡岸坡和危岩的工程处置，防范滑坡崩塌入江形成涌浪，保障航道和城镇安全**

三峡库区瞿塘峡、巫峡、西陵峡 3 个峡谷区地势陡峻，由于长期地质条件变化、断层风化切割形成的危岩众多，山体结构复杂，是崩塌、滑坡的高发地段，特别是岩溶溶洞和管道发育，蓄水后多次发生气爆地震，高陡峡谷区斜坡稳定性问题更加突出。由于航道船只日益增多，应对峡谷区危岩体及早治理，进一步防范峡谷区危岩崩塌滑坡入江涌浪对航道的危害。特别是在巫峡尚有 4km 长的库岸，地质结构破碎，消落带有不同程度的坍塌发生，应加强试验性治理研究，探索论证可行的、有效的防治措施。同时，建议将影响航道安全的隐患地段全部纳入国家后续地质灾害防治规划予以防治。

**5. 加强科学研究与总结，开展城镇区地质灾害防治工程的"健康诊断"，科学合理评估工程的时效性和安全性**

三峡库区不少移民就地后靠城镇，将防灾与兴利相结合，在治理滑坡的基础上，将滑坡体作为建设场地。防治工程将会随着时间推移出现"老化"现象，建议每年定期进行重点滑坡危岩灾害风险地段"体检"，及早发现隐患，科学进行处置。

三峡工程建设以来，形成了一套先进适用的地质灾害防治理论、方法和技术，建议持续跟踪研究，全面把握三峡库区地质灾害演化规律；进一步加强地质灾害防治研究机构和专业队伍建设，完善地质灾害防治体制。

# 主 要 参 考 文 献

［1］ 中国工程院三峡工程阶段性评估项目组. 三峡工程阶段性评估报告　综合卷［M］. 北京：中国水利水电出版社，2010.

［2］ 中国工程院三峡工程试验性蓄水阶段评估项目组. 三峡工程试验性蓄水阶段评估报告［M］. 北京：中国水利水电出版社，2014.

［3］ 长江三峡工程重大地质与地质问题研究编写组. 长江三峡工程重大地质与地震问题研究［M］. 北京：地震出版社，1996.

［4］ 长江水利委员会. 三峡工程地质研究［M］. 武汉：湖北科学技术出版社，1997.

［5］ 杜榕桓，刘新民，袁建模，等. 长江三峡工程库区滑坡与泥石流研究［M］. 成都：四川科学技术出版社，1990.

［6］ 韩宗珊，钟立勋，欧正东，等. 长江三峡工程环境地质评价与预测［M］. 北京：中国科学技术出版社，1993.

［7］ 欧正东．长江三峡工程水库移民与开发的环境地质研究 ［M］．成都：成都科技大学出版社，1997．

［8］ 崔政权，何满潮，陈鸿汉，等．三峡库区巫山县新城西区岸坡系统变形机制研究 ［C］//全国地面岩石工程和注浆锚固岩石工程学术研讨会论文集．北京：地质出版社，1997．

［9］ 田陵君，王兰生，刘世凯，等．长江三峡工程库岸稳定性 ［M］．北京：地质出版社，1988．

［10］ 卢耀如．国土地质-生态环境综合治理与可持续发展——黄河与长江流域防灾兴利途径讨论 ［J］．中国地质灾害与防治学报，1998（S1）：95-103．

［11］ 殷跃平，唐辉明，李晓，等．长江三峡库区移民迁建新址重大地质灾害及防治研究 ［M］．北京：地质出版社，2004．

［12］ 刘传正．长江三峡库区地质灾害成因与评价研究 ［M］．北京：地质出版社，2007．

［13］ 王洪德，高幼龙，等．地质灾害监测预警关键技术方法研究与示范 ［M］．北京：大地出版社，2008．

［14］ 卢耀如，金晓霞．三峡工程的现实与争议 ［J］．中国减灾，2011（13）：32-34．

［15］ 水利部长江水利委员会综合勘测局．长江三峡工程库区库岸稳定及崩、滑体专论 ［R］，1975．

［16］ 地矿部环境地质研究所．"七五"国家科技攻关成果《三峡库区拟迁城市新址环境地质研究》（75-16-2-5-1）［R］，1989．

［17］ 地质矿产部成都水文地质工程地质中心．长江三峡工程库区环境地质图系 ［R］，1990．

［18］ 地质矿产部成都水文地质工程地质中心．长江三峡工程库岸稳定性研究（"七五"攻关项目：75-16-02-04）［R］，1990．

［19］ 水利部长江水利委员会综合勘测局．长江三峡工程库区与迁建城镇新址地质条件论证文献：第一册（1992—1995）［R］，1995．

［20］ 中国地质大学（武汉）应用地球物理研究所．三峡库区巴东县城新址赵树岭滑坡地震勘察研究报告 ［R］，1995．

［21］ 长江水利委员会综合勘测局．长江三峡工程库区地质暨迁建城镇新址地质条件论证文献（1992—1995）［R］，1995．

［22］ 国家移民局三峡移民工程建设地质调研专家组．三峡移民工程建设地质工作专家调研报告 ［R］，1997．

［23］ 水利部长江水利委员会长江勘测规划设计研究院．长江三峡工程库区重庆市淹没处理及移民安置规划报告 ［R］，1997．

［24］ 中国地质大学（武汉）．三峡库区巴东县黄土坡前缘斜坡稳定性预测与防治对策研究 ［R］，1997．

［25］ 国家移民局三峡移民工程建设地质调研专家组．1998年汛期三峡移民工程地质灾害调研报告 ［R］，1998．

［26］ 中国地质环境监测院．三峡库区迁建城镇新址滑崩堆积体（坠覆体）开发利用研究（三峡库区移民工程科技研究课题）［R］，1998．

[27] 中国地质大学（武汉）工程学院，长江水利委员会综合勘测局. 长江三峡水利枢纽库区奉节县白马小区迁建城镇新址工程地质论证报告［R］，1999.

[28] 中国地调局水文地质工程地质技术方法所. 三峡库区移民迁建新址重大地质灾害防治研究综合地球物理勘查技术应用研究专题报告［R］，2000.

[29] 中国地质环境监测院. 三峡工程库区地质灾害监测预警工程总体规划报告［R］，2000.

[30] 中国地质环境监测院. 三峡库区19个县地质灾害调查报告［R］，2001.

[31] 国务院三峡工程建设委员会办公室，中国科学院地质与地球物理研究所. 三峡库区三期地质灾害防治规划（高切坡防护）［R］，2004.

[32] 三峡库区地质灾害防治工作指挥部. 三峡库区地质灾害防治基本情况［R］，2014.

[33] 三峡库区地质灾害防治工作指挥部. 三峡库区地质灾害专业监测预警系统［R］，2014.

[34] 湖北省三峡库区地质灾害防治工作领导小组办公室. 湖北省三峡库区地质灾害防治项目材料［R］，2014.

[35] 重庆市三峡库区地质灾害防治工作领导小组办公室. 重庆市三峡库区地质灾害防治项目材料［R］，2014.

[36] 重庆市万州区国土资源局. 三峡库区重庆万州地质灾害及防治汇报［R］，2014.

[37] 重庆市云阳县国土资源局. 三峡库区重庆云阳地质灾害及防治汇报［R］，2014.

[38] 重庆市奉节县国土资源局. 三峡库区重庆奉节县地质灾害及防治汇报［R］，2014.

[39] 重庆市巫山县国土资源局. 三峡库区重庆巫山地质灾害及防治汇报［R］，2014.

[40] 重庆市三峡库区地质灾害防治工作领导小组办公室. 三峡库区地质灾害勘查、设计、施工和监测报告［R］，2014.

[41] 湖北省三峡库区地质灾害防治工作领导小组办公室. 三峡库区地质灾害勘查、设计、施工和监测报告［R］，2014.

## 附件：

# 课题组成员名单

## 专　家　组

**组　长：** 王思敬　中国科学院地质与地球物理研究所研究员，中国工程院院士

**副组长：** 卢耀如　同济大学教授，中国工程院院士

殷跃平　自然资源部地质灾害应急技术指导中心总工程师，研究员

**成　员：** 钱七虎　解放军理工大学教授，中国工程院院士

郑颖人　解放军后勤工程学院教授，中国工程院院士

周丰峻　总参工程兵第四设计研究院研究员，中国工程院院士

陈祖煜　中国水利水电科学研究院教授级高级工程师，中国科学院院士

周绪红　重庆大学校长，中国工程院院士

龚晓南　浙江大学教授，中国工程院院士

顾金才　总参工程兵科研三所研究员，中国工程院院士

李焯芬　香港大学教授，中国工程院院士

王秉忱　住建部综合勘察研究设计院教授级高级工程师，全国工程勘察设计大师

黄润秋　成都理工大学副校长，教授

唐辉明　中国地质大学副校长，教授

伍法权　中国科学院地质与地球物理研究所研究员

冯夏庭　中国科学院武汉岩土力学研究所研究员

兰恒星　中国科学院地理科学与资源研究所研究员

程温鸣　中国地质环境监测院三峡监测中心研究员

马霄汉　湖北省地质灾害应急中心教授级高级工程师

马　飞　重庆市三峡工程库区地质灾害防治办公室教授级高级工程师

# 工　作　组

组　长：殷跃平（兼）

成　员：魏云杰　中国地质环境监测院教授级高级工程师

祁小博　中国地质环境监测院高级工程师

王文沛　中国地质环境监测院博士

李　滨　中国地质科学院地质力学研究所博士

黄波林　中国地质调查局武汉地质调查中心副研究员

李守定　中国科学院地质与地球物理研究所研究员

肖锐华　中国科学院地质与地球物理研究所博士

赵瑞欣　中国地质科学院地质力学所博士研究生

代贞伟　长安大学博士研究生

高　扬　长安大学硕士研究生

# 报　告　四

# 地震评估课题简要报告

## 一、评估背景和论证的主要结论

### （一）评估背景

在三峡工程建设过程中，水库蓄水后是否会引发水库地震的问题，是社会关注的焦点问题之一。长期以来针对三峡工程水库地震问题，开展了大量研究工作。早在 20 世纪 50 年代，开始研究论证了三峡工程的区域构造稳定性和地震安全性，并从 1958 年起，在三峡坝址及周围地区建立了专用的地震监测台网。其后的半个世纪，构造稳定性和地震活动性的研究工作一直没有间断，从地质构造条件和地震活动性两个方面，得出了"三峡工程处于地质构造相对稳定的地区，属弱震环境，地震活动水平较低"的重要结论，也为水库地震问题的研究奠定了坚实的基础。

20 世纪 80 年代，在三峡工程重新论证中，三峡工程水库地震问题是研究和论证的重点之一。关于水库地震问题的研究虽由多个单位分头平行进行，但研究结论基本一致。1989—1992 年，水利部长江流域规划办公室根据论证报告的主要结论及补充研究，在提交的《长江三峡水利枢纽可行性研究报告》和《长江三峡水利枢纽初步设计报告》中，均以专门篇章对水库地震危险性问题提出了分析预测意见。

在随后的国家"七五""八五"重大科技攻关项目中，均就三峡工程水库地震问题提交了多项专题研究成果。三峡工程开工建设后，对水库诱发地震问题的研究也未中止，并被列为施工期重大专题研究课题。2008 年和 2013 年，中国工程院受国务院三峡工程建设委员会委托，分别组织开展了"三峡工程论证及可行性研究结论的阶段性评估"和"三峡工程试验性蓄水阶段评估"的工作，水库地震也都是这些评估中的专题之一。

### （二）论证的主要结论

1988 年完成的《长江三峡工程地质地震专题论证》报告中，关于水库地震问题的主要结论如下：

（1）三峡工程地质地震工作的研究程度高，资料丰富，无论广度和深度均可满足宏观决策的要求。三峡工程在地质构造上处于相对稳定的地区，地震活动水平不高，是弱震环境。坝区地震烈度取决于外围地震的影响，基本烈度定为Ⅵ度是合适的。

（2）根据三峡库区的地貌、岩性、地质构造及地震地质条件，对其水库地震预测可划分 3 个库段：

首段为从坝址到庙河的结晶岩库段。段内无区域性或活动性断裂通过；历史及现今地震活动微弱；岩体完整，透水性弱，不具备发生较强水库诱发地震的条件。但蓄水后不排除发生 3 级左右浅源小震的可能。

中段为从庙河到白帝城库段。段内碳酸盐岩广泛分布；秭归—渔洋关及黔江—兴山两个地震带分别于坝址上游 17～30km 及 50～110km 穿越本库段，有引发较强水库地震的可能，估计最高震级为 5.5 级左右。从最不利的假定情况进行分析，取天然地震危险性概率分析中的震级上限 6 级作为水库诱发地震的最大可能震级，即使发生在距坝址最近的九湾溪断裂处，影响到坝区的地震烈度也不超过Ⅵ度；本库段极有诱发岩溶型小震的可能。

末段为白帝城以上库段，主要由中生代砂页岩组成，构造条件简单，地震活动微弱，一般不具备发生水库地震的条件。

在随后继续对三峡工程水库地震的深化研究中，迄今尚未见到可改变上述基本结论的科学研究资料依据。

## 二、评估的主要依据

### （一）蓄水前后地震观测

监测数字化遥测台网对工程蓄水前后库区地震活动性的监测是对其水库地震评估的主要依据。

（1）蓄水前的地震活动性。三峡工程库坝区及邻近所在 10 余个县市历史上无破坏性地震记载。1959 年设立工程专用地震台网以来，截至蓄水前的 2003 年 5 月，共记录到 366 次地震事件。最大地震为发生于 1979 年 5 月 21 日的秭归龙会观 $M5.1$ 地震。表明建库前该地区的地震活动具有频度低、强度小、空间分布零散的特点。

（2）蓄水后的地震活动性。三峡水库地震监测系统是迄今世界上规模最大、手段齐全、技术先进的水库地震监测系统，满足水库地震监测要求。2003 年 6 月 1 日—2014 年 4 月 30 日，三峡工程库首区及邻区（北纬 30°40′～31°20′，东经 109°30′～111°15′）共记录到 $M0.0$ 以上地震 7120 余次，其中小于 $M3.0$ 的微震和极微震共 7110 余次，占地震总数的 99.86%，说明地震活动以微震和极微震为主，其频度显著高于本地区地震本底。微震和极微震主要分布在库区两岸 10km 范围内，呈密集"成团（带）"分布。其中绝大部分都是库水涌入废弃的矿井和石灰岩岩溶洞穴内，引起的矿井、岩溶洞穴塌陷、气爆以及局部岩体破裂造成的外成因非构造型的地震，其分布地区大部分都在采矿区和灰岩区。地震活动与库水位首次抬升间对应关系密切，具有明显的水库诱发地震特征。少数较强的地震，则可能是库水沿某些断层破碎带入渗引发岩体应力局部调整产生破裂，或对已处于临界状态的发震断层起触发作用造成的，这类地震的强度不可能超过被触发的断裂构造天然地震的最大可能震级。三峡工程坝前水位与三峡库区地震参数图见图 1，三峡工程库区及邻区 $M0.5$ 以上地震震中分布图（2003 年 6 月—2014 年 4 月）见图 2，各震级档地震频次分布直方图见图 3。

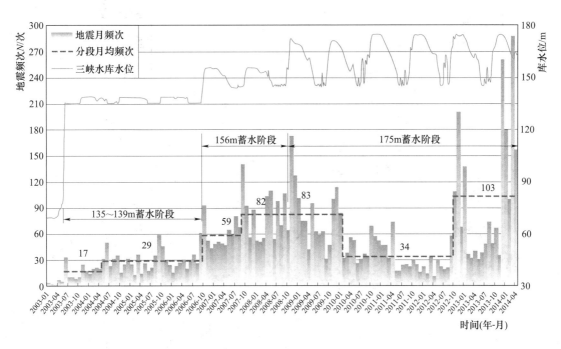

图 1　三峡工程坝前水位与三峡库区地震参数图

### （二）蓄水过程库区形变场和地下水动态观测

水库蓄水后，三峡地区的形变场和重力场没有明显改变。库区 2008 年至今发生 4 次 $M4.0$ 以上地震时，大河口、周坪井水温或水位观测资料显示的同

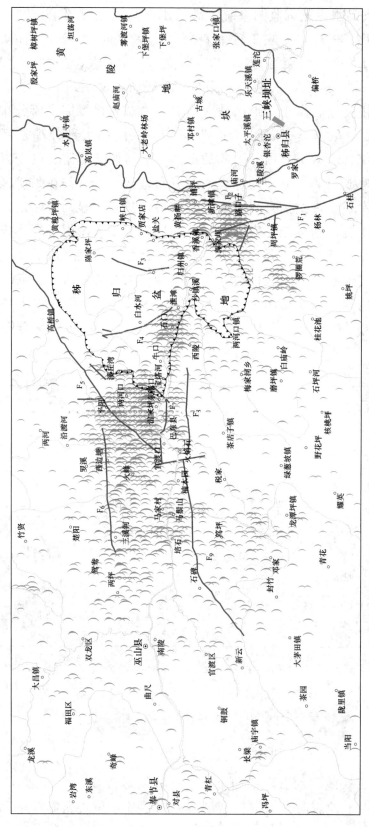

图2 三峡工程库区及邻区 M0.5 以上地震震中分布图（2003 年 6 月—2014 年 4 月）

断裂及编号 F₁—仙女山断裂；F₂—九湾溪断裂；F₃—水田坝断裂；F₄—白水河断裂；F₅—高桥断裂；F₆—三溪河断裂；F₇—巴东断裂；F₈—马鹿池断裂；F₉—天子崖断裂

居民点　县市名

M0.5~0.9　M1.0~1.9　M2.0~2.9　M3.0~3.9　M4.0~4.9　M5.0~5.9

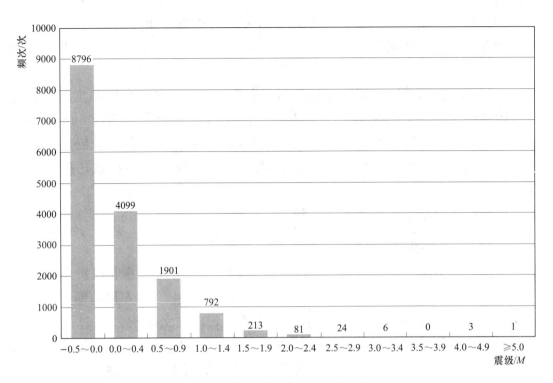

图 3　各震级档地震频次分布直方图

震效应明显。

（三）库区 4 次 M4.0 以上地震成因分析

蓄水以来发生的 4 次 M4.0 以上地震，中国地震局地震研究所和湖北省地震局都赴现场调研，并从区域地质和构造、地震学特征及其与库水位相关性对其进行了成因分析。

2008 年 11 月 22 日秭归县 M4.1 地震可能是库水渗透触发仙女山与九湾溪两条主要断裂的弱活动导致的构造型水库地震。2013 年 12 月 16 日巴东县 M5.1 地震是库水沿断裂软弱破碎岩体入渗引起浅层应力调整导致的岩体破裂变形，并伴有岩溶塌陷形成的非典型构造型水库地震。2014 年 3 月 27 日、30 日秭归县 M4.2、M4.5 地震是受库水回落影响产生的应力调整，引发该区域地壳压应力释放（回弹），导致仙女山断裂北段发震的典型震群型水库地震序列。

## 三、社会关注的有关三峡工程水库地震问题

### （一）三峡工程水库蓄水与汶川大地震无关

（1）发生汶川地震的龙门山构造带与三峡水库所在的上扬子台褶带，分属

于不同的两个大地构造单元，两者所处的区域构造条件和活动特点截然不同，其间尚有构造稳定性很高的四川台坳（四川盆地）相隔，它们之间完全没有构造上的联系。

（2）按目前已有的共识，库水沿断层深层渗透导致其抗剪断强度降低，是触发构造型水库地震的主因。三峡大坝距离汶川地震的震中约700km，即使在库尾，到龙门山发震断层的距离也在300km以上。其间分布着巨厚的中生代砂岩、泥岩互层的不透水性地层，库水与龙门山构造带不存在任何的水力联系。

因此，三峡水库蓄水不可能"触发"汶川地震。

### （二）齐岳山断裂不可能被三峡工程蓄水激活

齐岳山断裂距三峡坝址约110km，是在印支-燕山期由基底断裂发展起来的区域性断裂构造。在三峡工程区域构造稳定性研究中，对齐岳山断裂的专题研究表明，该断裂晚更新世以来没有明显活动，历史上没有发生过强震的记载，水库蓄水以来库区所记录到的大量微震，基本不在该断裂所涉及的区域内。因此，齐岳山断裂不可能被三峡工程蓄水激活而发生强烈地震。

## 四、评估结论和建议

### （一）主要评估结论

#### 1. 论证报告和前期勘察中有关三峡工程水库地震的结论得到初步检验

三峡工程水库坝区不具备发生强震的构造背景的认识和区域构造稳定性的评价，是多年来众多部门和学者对三峡水库诱发地震分析预测的重要基础。三峡工程蓄水以来的库区地震监测成果分析表明，确实发生了预计可能引发的水库地震；其易发库段的位置及已发生的最大地震的震级基本上都处于前期预测的范围之内；水库蓄水后坝址区遭受的最高影响烈度为Ⅳ度，远低于三峡工程大坝抗震设防烈度（Ⅶ度），对三峡工程及其设施的正常安全运行未造成任何影响。

#### 2. 水库地震活动对库区环境的影响是局部和有限的

三峡工程自蓄水以来，虽然发生了频次较高的水库诱发地震，但主要是外成因非构造型的微震和极微震，地震强度不大，最大为$M5.1$级，最高震中烈度为Ⅶ度。由于强度较低，迄今为止，并未引发库区各类次生地质灾害。但由于水库诱发地震的震源深度较浅，在震中区局部小范围内可能产生比较强烈的震感，并且造成部分房屋掉瓦、裂缝等损坏，但总体评价，水库地震活动对库区环境的影响只是局部和有限的。

### 3. 对三峡工程库区今后地震活动趋势的初步评估

三峡工程在分期蓄水至 175m 水位涨落过程中，库区可能受库水作用影响范围内地质体的应力场、渗流场和其他的环境条件，已得到了不同程度的调整。随着库水的持续作用，这种影响还会逐步减弱，新的平衡条件将逐步形成。对全世界水库地震活动的共同规律分析表明，在水库地震活动水平整体趋于下降过程中，还有可能在短期内出现相对增高的波动变化。今后三峡工程库区地震活动水平可能呈起伏性下降，并渐趋平缓；活动频次不会超过此前的月峰值频次；最大强度为 M5.0 左右，不会超过前期的预测强度 M5.5；空间分布也多会集中在现今的几个地震区范围内。

就天然地震而言，三峡库区及邻区自 1961 年潘家湾 M4.9 地震和 1979 年龙会观 M5.1 地震后所积累的能量，在近期的几次较大地震中已得到较大的释放，在今后一段时期内，估计三峡库区天然地震可能进入剩余能量释放阶段。

### （二）今后工作建议

（1）继续加强水库地震的监测和分析工作，特别是对仙女山—九湾溪断裂展布区及高桥—水田坝断裂展布区，有必要加强临时台站的监测，并设立专题开展深化研究；监测系统应随着技术进步不断更新；加强对监测资料的整理、分析，现场核查，震情沟通、会商，以及趋势预判及必需的对外宣传等工作。

（2）应对 2008 年年底建成的重庆奉节白帝城以上库段的地震台网加强观测，以取得更完整的地震资料。

（3）开展库区地震小区划的研究，为库区城镇及大型居民点地震安全和库岸稳定性分析提供重要背景资料；进行岩溶型和矿山型诱发地震的典型解剖研究。

# 主 要 参 考 文 献

［1］ 长江水利委员会. 三峡工程地质研究［M］. 武汉：湖北科学技术出版社，1997.

［2］ 长江三峡工程论证地质地震专家组. 长江三峡工程地质地震与枢纽建筑物专题地质地震论证报告（附件）：附件二 长江三峡工程水库诱发地震危险评价报告［R］，1988.

［3］ 三峡工程论证领导小组办公室. 三峡工程专题论证资料汇编［G］，2008.

［4］ 水利部长江流域规划办公室. 长江水利枢纽可行性研究专题报告［R］，1989.

［5］ 水利部长江水利委员会. 长江三峡水利枢纽初步设计报告［R］，1992.

［6］ 中国地震局地质研究所. 长江三峡工程水库诱发地震问题的研究［R］，1990.

［7］ 中国地震局地质研究所. 长江三峡工程地壳稳定性与水库诱发地震问题的深化研究
［R］，1996.

［8］ 水利部长江勘测技术研究所，等. 长江三峡水库三斗坪—奉节库段地震本底与水库
诱发地震预测研究报告［R］，1999.

［9］ 中国地震局地震研究所. 三峡工程蓄水以来三峡地区地震地质灾害科学考察与流动
监测（2003.06—2007.12）报告汇编［R］，2007.

［10］ 陈德基，汪雍熙，曾新平. 三峡工程水库诱发地震问题研究［J］. 岩石力学与工程
学报，2008，27（8）：1513-1524.

［11］ 中国工程院三峡工程阶段性评估项目组. 三峡工程阶段性评估报告 综合卷［M］.
北京：中国水利水电出版社，2010.

［12］ 中国工程院三峡工程试验性蓄水阶段评估项目组. 三峡工程试验性蓄水阶段评估报
告［M］. 北京：中国水利水电出版社，2014.

［13］ 长江三峡勘测研究院有限公司（武汉）. 三峡工程建设第三方独立评估地震课题的
子题评估报告：三峡工程水库地震台网观测资料分析［R］，2014.

［14］ 中国地震局地震研究所，湖北省地震局. 三峡工程建设第三方独立评估地震课题的
子题评估报告：三峡工程建设初步设计中有关水库地震结论的检验报告
［R］，2014.

［15］ 陈厚群，徐泽平，李敏. 汶川大地震和大坝抗震安全［J］. 水利学报，2008，39
（10）：1158-1167.

［16］ 中国科学院环境评价部，长江水资源保护科学研究所. 长江三峡水利枢纽环境影响
报告书［R］，1991.

［17］ 湖北省地震局. 三峡水库175米水位地震趋势预估研究［R］，2008.

［18］ 重庆市地震局. 关于中国工程院三峡项目办"三峡工程论证及可行性研究结论的阶
段性评估"所需重庆局提供的相关资料［R］，2008.

附件：

## 课题组成员名单

### 专 家 组

**组　　长**：陈厚群　（兼）中国水利水电科学研究院教授级高级工程师，中
国工程院院士

**副组长**：姚运生　中国地震局湖北省地震局局长，研究员

**成　　员**：邓起东　中国地震局地质研究所研究员，中国科学院院士

陈德基　长江水利委员会教授级高级工程师，全国工程勘察设计
大师

徐锡伟　中国地震局地质研究所副所长，研究员
胡兴娥　中国长江三峡集团有限公司枢纽管理局副局长，教授级
　　　　高级工程师
彭土标　水电水利规划设计总院副院长，教授级高级工程师
汪雍熙　中国水利水电科学研究院教授级高级工程师
胡毓良　中国地震局地质研究所研究员
梅应堂　长江水利委员会教授级高级工程师
曾新平　长江水利委员会教授级高级工程师

## 工　作　组

欧阳金惠　中国水利水电科学研究院教授级高级工程师
李　敏　中国水利水电科学研究院高级工程师
刘　富　长江水利委员会工程师
王立涛　中国水力发电工程学会教授级高级工程师

# 报 告 五

# 生态影响评估课题简要报告

按照《关于委托开展三峡工程建设第三方独立评估工作的函》（国三峡委函办字〔2013〕1号）的要求，参考《长江三峡工程生态与环境专题论证报告》和《长江三峡水利枢纽环境影响报告书》，在"三峡工程论证及可行性研究结论的阶段性评估""三峡工程试验性蓄水阶段评估"等工作成果的基础上，本课题通过对三峡地区遥感影像判读、生态调查与观测数据分析，评估了三峡工程建设和蓄水运行对库区陆地生态系统、水生生态系统及天气气候的影响，并提出了相应的生态保护对策和建议。评估内容分为陆地生态系统影响评估、水生生态系统影响评估和天气气候影响评估3个部分。

## 一、陆地生态系统影响评估

### （一）对生物多样性的影响

三峡库区植物种类丰富、起源古老，植物区系成分复杂，自然环境多样，是古植物区系在渝、黔、湘、鄂交界区的重要避难所。三峡工程建设对生物多样性的影响主要表现在两个方面：一是水库淹没了海拔较低的植被和部分傍水动物的生境；二是后靠移民及其生产活动影响了海拔较高处的生物及其栖息环境。总体来看，工程建设前后动植物种群结构并未发生明显变化，加之积极采取了有效保护措施，一些珍稀濒危物种得到了保护，并未发现某物种灭绝现象。

据调查并综合已有研究成果，三峡水库蓄水淹没植物群落31个，其中受影响较大的是禾本科、菊科、大戟科、蔷薇科和无患子科。栖息地受到影响的珍稀动物包括大鲵、水獭、鸳鸯、雀鹰、红隼、白冠长尾雉、金鸡、穿山甲、猕猴、大灵猫、林麝、毛冠鹿、小灵猫、豹猫等。

广受关注的3个陆生珍稀濒危物种为疏花水柏枝、荷叶铁线蕨和川明参。疏花水柏枝分布在长江三峡海拔155m以下，水库蓄水淹没了其野外生境，不过已实施了引种栽培和迁地保护等多种措施，且其人工繁育技术已解决；荷叶铁线蕨主要分布在三峡库区海拔 200m 以上，水库蓄水直接淹没 175m 以下植株，仅为其数量中的一小部分，且已成功进行人工繁育；川明参不仅在三峡库区 80～380m 之间地区有分布，在四川、湖北等地也有分布，水库蓄水仅淹没海拔 175m 以下的川明参植株，使其数量有所减少，但不会使整个库区川明参灭绝。

三峡建设过程中重视生物多样性保护工作，投资建立了多个动植物敏感保护点和保护区，使主要珍稀植物和古树木得到就地保护或迁地保护，保存了库区具有重要经济和生态价值的基因资源。此外，天然林保护和退耕还林工程也在一定程度上促进了库区动植物栖息地的保护和恢复。

不过，水利工程建设对生物多样性的影响和生物的生态适应是一个长期的过程，仍然需要加强对库区生物多样性的长期监测与保护。

### （二）对水土流失的影响

三峡工程较长时间的建设周期，使原本坡面稳定性差、地质条件复杂、容易导致水土流失的库区环境面临较大威胁。

资料显示，三峡工程建设期间，库区工程项目区和移民安置区的水土流失有所增强，其中枢纽工程施工区新增土壤侵蚀量约 100 万 t，移民安置区新增土壤侵蚀量约 1000 万 t。

工程建设过程中，注重了水土保持工作，使库区水土流失总体上有较大的改善。2012 年试验性蓄水期，库区轻度以上水土流失面积 2.3 万 km²，较三峡工程建设前下降了 3.1 万 km²；库区年土壤侵蚀量由三峡工程建设前的 1.57 亿 t，分别下降到三峡工程蓄水前（2002 年）的 1.32 亿 t、建设期末（2009 年）的 1.00 亿 t 和试验性蓄水期（2012 年）的 0.83 亿 t。由于工程建设造成的新增土壤侵蚀量仅占库区土壤侵蚀减少量的 14.9%，总体上是可以控制的。

### （三）对土地利用/覆被的影响

近 20 年来，三峡库区的土地利用/覆被发生了较大的变化，变化区域集中分布在长江及支流两岸，主要是低海拔、人为干扰强烈的区域和土地覆被类型，但以农林草为主的土地利用结构基本保持未变。耕地、灌丛林、草地面积呈减少趋势，森林（有林地）、园地、建设用地和水面面积趋于增加，特别是退耕还林、水土保持等生态工程措施，使库区森林覆盖率呈不断增加趋势：从 1992 年的 27.47%，增加到 2002 年的 36.94% 和 2012 年的 46.57%，20 年间增加了 19 个百分点。

三峡库区的农业耕作条件很差，是造成水土流失的重要因素之一。城镇建设用地和茶园、橘园等园地增加较快，加大了库区水土流失的风险。因此，三峡库区的退耕还林还草、生态环境保护和粮食安全保障的任务仍然十分艰巨。

### （四）对生态服务功能和自然文化景观的影响

水库建成蓄水和土地利用类型的变化，特别是水域面积扩大和森林覆盖率的增加，库区生态系统服务功能有所提高。生态经济学方法分析表明，与蓄水前（2002年）相比，2005年库区河流生态服务价值增加约68.30亿元，2008年增加约165.85亿元，2012年增加约382.83亿元；与1995年相比，2005年陆地生态系统服务价值增加约12.70亿元，2008年增加约9.00亿元，2013年增加约4.74亿元。

蓄水淹没库区高程较低的文物景观，但对两岸高达千米的悬崖峭壁自然景观影响不大；大坝以下40km的峡谷河段内景观未受影响，主要景观特色基本未变；水面的抬高提高了一些地方的可达性，周期性蓄水产生了新的人工景观；淹没区文物得到有效抢救。

### （五）消落带的形成及其影响

2010年175m蓄水后，在水库周边形成了落差30m、总面积达348.39km$^2$的水库消落带，主要有经常性水淹型（缓坡型、陡坡型）、半淹半露型（缓坡型、陡坡型）、经常性出露型（缓坡型、陡坡型）、岛屿型（常淹型、出露型）、湖盆-河口-库湾-库尾型（湖盆型、河口型、库湾型、库尾型）和峡谷型等6个大类12个亚类。

消落带的形成对库区自然景观和生态系统产生了较大影响：一是消落带原有地带性植被消失，现有植被整体上处于逐步稳定状态，植物种类有所减少，尤其是灌木和乔木的数量显著减少，仅存少量低矮稀疏的灌丛和草甸；二是消落带由原来的陆地生态系统演变为季节性湿地生态系统，大多数原有陆生动植物因难以适应生境而消亡、迁移或变异，部分动植物因生境改变受到一定影响；三是涌浪侵蚀成为消落带未来较长时间的主要侵蚀方式，使库区消落带土壤中全磷、全钾和有效磷趋于增加，而全氮、铵态氮和硝态氮趋于减少；四是季节性的农业会加重表土流失，提高农业面源污染的风险；五是消落带有一定数量能传播疾病的鼠类，会因退水后库周居民的农耕活动而增加人群感染的机会，消落带内蚊种密度在退水后呈现增高趋势，对人类健康构成潜在威胁；六是湿地面积增加，浅滩增多，水生鸟类物种多样性明显增加。

不过，消落带的生态影响需要进一步深入研究。尽管消落带监测点内尚未发现血吸虫中间宿主——钉螺的孳生，而且蝇类密度也较低，但仍需加强监测。此外，在部分消落带内目前已开展生态重建与治理工作，饲料桑、中山杉等适生植物筛选与培育，以及多功能基塘系统试验，初步取得了较好的生态效益与经济效益，为消落带生态系统的恢复与保护发挥了积极作用。

## 二、水生生态系统影响评估

### （一）对长江上游鱼类栖息繁殖的影响

与蓄水前相比，库区及以上江段鱼类群落结构发生改变。库尾木洞江段以及合江和宜宾江段长江上游特有鱼类种数减少，但是种群资源仍有一定规模，鱼类群落结构发生一定变化，仍以喜流水性鱼类为主；库中万州江段和库首秭归江段长江上游特有鱼类资源急剧减少，成为偶见种，鱼类群落结构发生明显变化，鱼类群落以喜静水和缓流的鱼类为主。库区不同地点长江上游特有鱼类在渔获物中的优势度与蓄水前相比同比减少 41.0%～99.9%。

蓄水后库区及上游"四大家鱼"（青、草、鲢、鳙）的繁殖活动发生了一些变化，产卵规模有增加的趋势，其中鲢的数量显著增加。水库建设没有对库区以上江段"四大家鱼"产卵场产生影响，而且形成了部分新产卵场，使产卵规模比蓄水前有所增加。库尾江段的产卵场位置与蓄水前相比基本未变，尽管库区内的产卵场大部分被淹没，但部分产卵场在一定水文条件下仍能满足"四大家鱼"的繁殖需求。

### （二）对坝下中华鲟及"四大家鱼"繁殖活动的影响

自葛洲坝截流以来，受截流阻隔、长江水环境恶化和捕捞等的多种因素影响，中华鲟群体规模持续减小。三峡工程蓄水后，对中华鲟的不利影响进一步加剧，主要表现在产卵时间推迟、产卵次数减少甚至没有自然繁殖。监测数据表明，目前长江口中华鲟幼鱼群体仍以自然繁殖个体为主，人工繁殖个体仅占约 10%，人工增殖放流的贡献有限，中华鲟种群的维持主要还是依靠自然繁殖。

与 2003 年三峡水库蓄水前相比，坝下长江中游"四大家鱼"繁殖活动发生了一些变化，初次繁殖时间平均推后约 25 天，早期资源量显著下降，产卵规模维持在一个很低的水平。

### （三）对长江中游通江湖泊鱼类资源补充及生长的影响

三峡蓄水使通过松滋口、藕池口、太平口进入洞庭湖的水量呈减少趋势，减少了长江鱼类资源对洞庭湖鱼类资源的补充量；通江湖泊退水时间提前，缩短了进入湖区育肥鱼类的生长时间，影响鱼类的正常生长。

三峡蓄水后，春夏季节下泄的低温水不利于长江中游鱼类的资源补充：一是下泄低温水延迟了鱼类繁殖时间；二是低温水不利于鱼类早期阶段的生长从而影响到鱼类的早期存活率。

2003 年后，长江中游大型通江湖泊——鄱阳湖和洞庭湖的渔业资源量均呈下降趋势，典型江湖洄游鱼类"四大家鱼"在渔获物中的比例趋于下降。

## （四）对长江下游及河口水生生态的影响

三峡工程蓄水运行对长江口径流固有的时空分布有一定的影响，水和泥沙输运的原有节律发生变化，在三峡水库蓄水期有利于长江口出现咸潮上溯；三峡大坝拦截了长江上游的泥沙，同时由于上游来沙量减少和河道采砂等因素，长江口江水的泥沙含量大幅减少，减缓了滩涂的淤积速度。长江口生态环境的改变对生物群落造成了一定的影响，浮游生物和鱼类群落结构发生变化；浮游植物多样性减少，大洋性物种与暖水性物种入侵；浮游动物群落呈现季节性变化，春季水母类减少，秋季桡足类丰度增加，大型甲壳动物和肉食性胶质动物丰度降低；鱼类种数减少，优势种改变，海洋性和浮游生物食性物种增加，资源量总体下降。

## （五）对珍稀水生动物的影响

长江中的珍稀水生动物（即国家重点保护水生野生动物）有白鱀豚、中华鲟、长江鲟、白鲟、长江江豚、胭脂鱼和川陕哲罗鲑等。多次调查显示，20 世纪 90 年代中期白鱀豚和白鲟已极为罕见，自 21 世纪初最后见到误捕的 1～2 尾个体后，已经难觅其踪迹，目前国内外学者评估这两个物种已处于功能性灭绝。

这些珍稀濒危物种种群数量减少，既有捕捞、航运、水污染等人类活动的影响，也有三峡工程蓄水后的叠加影响。特别是 20 世纪 80 年代兴起的电捕鱼作业，对白鱀豚、白鲟造成巨大伤害，除直接电击致死外，更经常的是造成食物鱼的减少，严重影响白鱀豚、白鲟等肉食性动物生存。三峡工程的影响不是主要因素。人工繁殖放流等措施对于部分生物种群的恢复具有促进作用，如从金沙江下游宜宾至长江中游的胭脂鱼误捕事件可以发现，误捕胭脂鱼个体中有人工繁殖放流个体，也间接表明胭脂鱼在长江中仍有比较稳定的种群规模，且分布范围越来越广。

## （六）生态调度措施及其影响

（1）三峡"压水华"调度方案及效果。2008 年汛末的"提前分期蓄水"调度和 2010 年汛期的"潮汐式"调度表明：可以通过持续泄水压制水华，但对抑制水华暴发效果有限，且由于春季上游来水的限制，长期泄水不太符合现实情况；蓄水式调度对支流水动力条件改善较大，抑制水华作用显著，并可与汛期泄水相结合，其实现的现实条件较好；对于不同季节水华暴发情势，必须慎重考虑调度可能带来的风险及不利影响。

（2）三峡工程进行了促进鱼类繁殖的生态调度。2011 年的鱼类生态调度，使得监利断面的鱼苗丰度占当年总量的 50% 左右，但仍低于最近涨水引起的丰度，可能与鱼类产卵时间、初次调度缺乏经验及当年的气候条件有关。2012 年的鱼类调度结果显示，当日均涨水率低于 2000m³/s 时，鱼苗丰度随着日涨水率的加大而增加。两年工作表明，生态调度对"四大家鱼"的繁殖具有促进作用，可以显著增加调度期间的产卵量。但调度方案的确定要按鱼类产卵时间、当年气候条件确定，否则会影响调度效果。

（3）三峡"压咸潮"调度方案及效果。根据长江防汛抗旱总指挥部 1 号调度令，于 2014 年 2 月 21 日开始实施"压咸潮"调度。三峡梯调中心的监测数据显示，2014 年三峡水库的日均出库流量为 6400m³/s，比 2013 年多 5.4%，同期补水量增加 16.8 亿 m³，长江口的咸潮形势得到了缓解，一定程度上压制了咸潮入侵的严重程度，同时也缓解了长江中下游地区的缺水情况。

## 三、天气气候影响评估

三峡水库对于局地气候具有调节作用，但库区气候主要受气候大环境影响。最近 50 年来，三峡库区年平均气温呈上升趋势，每 10 年升高 0.06℃，但增幅明显低于长江流域和全国。三峡库区气温蓄水后比蓄水前增加约 0.3℃（见图 1），但水域周边局地呈现冬季增温、夏季弱降温效应。蓄水后三峡库区多年平均年降水量减少了 115mm（见图 2），但降水量的减少与我国夏季雨带落区的南北变化有关。从目前的综合观测和数值模拟结果分析，现阶段三峡工程蓄水对库区周边的天气气候影响范围约在 20km 以内。

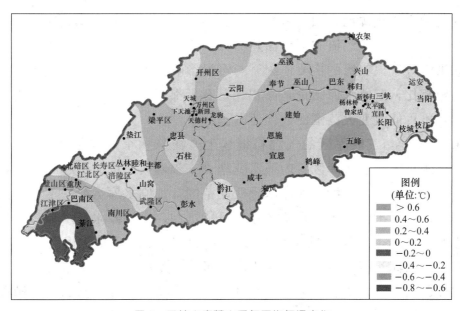

图 1　三峡水库蓄水后年平均气温变化

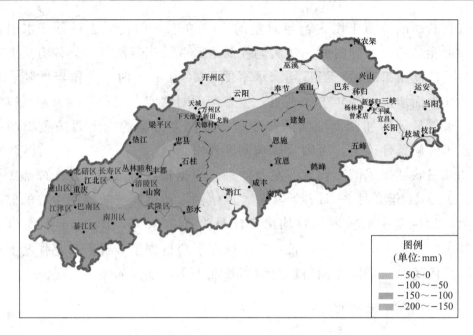

图 2 三峡水库蓄水后多年平均年降水量变化

三峡库区及其邻近地区近些年相继发生一些极端天气气候事件与气候变化有关。20 世纪 70 年代以来，全球极端天气气候事件明显增多增强，高温热浪频发；强降水事件和局部洪涝频率增大，风暴强度加大；热带和副热带地区干旱频繁，影响范围不断扩大。我国极端天气气候事件发生的频率与全球基本一致，总体也呈上升趋势，而且强度增加。

大气和海洋作用主要表现为热量和水汽循环，海洋和青藏高原是影响我国气候变化的主要热源地，因季节变化而有不同。海洋温度和青藏高原积雪的变化是造成大范围大气环流和下垫面热力异常的主要原因，也是导致我国近年来干旱和洪涝等气象灾害的主要诱因。与可以影响亚洲甚至北半球气候的海洋和青藏高原相比，三峡水库无论是面积还是容量都不是一个量级，只可能影响局地气候，不可能改变大范围的气候背景。

未来 50 年，三峡库区的气温将继续上升而夏秋季降水总体呈减少趋势，冬春季降水可能增加，库区年内降水变率进一步增大，可能引起三峡工程以上流域来水的波动变化，增大入库水量变动范围，加剧水库运行的不稳定性；强降水等极端天气事件发生的频率及强度可能增加，极端降水量增加将使三峡水库入库水量增加，尤其是当入库水量超过原库容设计标准及相应正常蓄水位时，将引起水库运行风险；秋季降水减少可能导致枯水期干旱事件增加，影响三峡水库的蓄水、发电、航运以及水环境；气温持续变暖，高温、旱涝等气象灾害的发生更加频繁，使三峡库区自然生态系统的脆弱性有所增加。

## 四、综合评估结论

虽然三峡工程蓄水淹没了部分植物及动植物生境，但物种结构并未发生明显变化；且对受重点关注的疏花水柏枝、荷叶铁线蕨和川明参3个珍稀濒危物种采取了积极有效的保护措施，并未发现有物种灭绝现象；工程建设造成了土壤侵蚀，但增加的土壤侵蚀量远低于因生态工程建设所减少的土壤侵蚀量；土地利用和土地覆被发生一定的变化，水面增加和森林植被的增加，提高了生态服务功能及其价值；城镇化用地和园地增加，加大了水土流失的风险；消落带的产生及其衍生的生态环境问题值得关注，主要表现在原有地带性植被破坏、整体上处于退化状态，改变了原有陆生动植物的栖息地，涌浪侵蚀增大了土壤侵蚀风险，季节性农业加重了表土流失和农业面源污染风险，鼠、蚊等对人类健康构成潜在威胁。

库区及以上江段鱼类群落结构发生了改变，特有鱼类资源量减少，"四大家鱼"的产卵规模有增加的趋势；坝下长江中游"四大家鱼"初次繁殖时间推迟，早期资源量显著下降；减少了长江鱼类资源对洞庭湖鱼类资源的补充量，缩短了进入湖区育肥鱼类的生长时间；三峡工程蓄水对中华鲟的影响主要表现在产卵时间推迟、产卵次数减少，并出现停止产卵情况，面临灭绝风险；白鳘豚等珍稀水生动物的生存状况堪忧，珍稀濒危物种种群数量的减少，既有三峡工程的影响，也有其他因素的作用，更有非法的电捕鱼作业方式等对它们造成的巨大伤害；人工繁殖放流等措施对于部分生物种群的恢复具有促进作用；生态调度对于抑制水华、促进鱼类繁殖、控制咸潮入侵有一定的效果，仍需要在调度时机等方面进行探索。

三峡水库对于局地气候具有调节作用，冬季增温、夏季弱降温，但库区气候主要受气候大环境影响；三峡库区及其邻近地区近些年相继发生一些极端天气气候事件，并未发现与三峡库区有直接关联，而与气候变化有关，海洋温度和青藏高原积雪的变化是造成大范围大气环流和下垫面热力异常的主要原因，也是导致我国近年来干旱和洪涝等气象灾害频发的主要诱因。未来三峡库区的气温将继续上升而夏秋季降水总体呈减少趋势，冬春季降水可能增加，库区年内降水变率进一步增大，可能引起三峡工程以上流域来水的波动变化，增大入库水量变动范围，加剧水库运行的不稳定性；强降水等极端天气事件发生的频率及强度可能增加，将引起水库运行风险和地质灾害的发生。

综上，三峡工程建设对库区及其附近区域生态状况有一定程度的影响，但总体未超过论证时的判断，处于可控范围之内。积极有效的生态保护及治理措施，降低了生态影响的程度。但三峡工程建设及蓄水对生态系统的影响是一个长期而缓慢的过程，需要加强生态系统及其变化的长期动态监测，并定期开展生态影响评估。

## 五、相关建议

### （一）加强生物多样性与生态系统状况长期监测，定期开展生态影响阶段评估

三峡工程建设与蓄水对库区生态系统以及下游河湖关系的影响是一个长期的过程，其产生的生态影响还需要较长的时间才能显现出来。因此，建议进一步加强三峡工程建成后对库区及相关流域的长期生态系统监测与阶段性评估。重视珍稀濒危物种的种群情况及主要生境的保护和恢复，加强消落带的生态环境及其生态恢复建设，关注水库蓄水后洞庭湖和鄱阳湖等大型通江湖泊生态系统的演变趋势，加强三峡库区天气气候的立体监测和综合监测，开展三峡工程对气候变化的适应性对策研究，进行气象灾害评估和风险管理，并定期开展三峡工程对生态影响的阶段性评估，以系统全面地跟踪三峡库区生态系统的变化。

### （二）重点地区优先实施水土保持，积极推广高效生态农业技术

全面启动小流域综合治理，实施三峡地区水土保持重点防治工程，控制水土流失。加强水库支流及库湾周边的水土保持措施体系的建设，在长江、嘉陵江、乌江干流沿岸、中型以上水库区域、县级以上城镇周边和高等级公路沿线，优先实施水土保持。以小流域为基本单元，有计划、有步骤地兴建一批中小型水利骨干工程和水保工程。

实现农业人口人均拥有一定量的稳产高产农田，大于 25°的坡耕地逐步退耕还林，小于 25°的坡耕地实行坡改梯工程，在丘陵缓坡地段建成石坎梯田，减缓坡面坡度，减轻地表径流，防治水土流失。山、水、林、田、路进行统一规划，综合治理，采取改良土壤、科学种田措施，建设高产稳产农田，改善农田生态环境，推广高效生态农业优化模式，如农林复合模式、生态庭院经济模式、水体生态养殖模式等。抓好高效生态农业，发展库区优势产业，减少农业化肥和农药用量，通过使用有机化肥和复合肥等方式，调整和改变目前的化肥和农药使用结构，切实减轻农业面源污染。

### （三）因地制宜地开展消落带生态修复，提高消落带生态系统安全

针对不同类型的消落带，采取相应的、适合的生态修复方式。半淹半露型、经常性出露型和湖盆-河口-库湾-库尾型，占消落带总面积的 82.2%，应以人工生态修复为主、自然恢复为辅；而经常性水淹型、岛屿型和峡谷型占 17.8%，应以自然恢复为主、人工生态修复为辅。

由国务院三峡工程建设委员会办公室（以下简称"国务院三峡办"）资助的用饲料桑和中山杉治理和利用消落带的试验研究结果表明，饲料桑和中山杉的恢复种植不仅可以防止涌浪侵蚀，稳定和保护消落带，还可控制无序开垦等对消落带的不合理利用，控制水土流失，维护消落带的生态健康和安全。

（四）改进并规范长江休渔制度，加强江湖连通与灌江纳苗

春夏季是长江鱼类繁殖期。为了保护鱼类的繁殖，农业农村部实施了禁渔期制度，每年的鱼类繁殖期禁止捕捞。但鱼类早期资源的监测表明，每年5—7月是长江产漂流性卵鱼类的繁殖盛期，而此时正是禁渔结束后的捕捞高峰期，对亲鱼和幼鱼资源的危害仍然很大。此外，在春禁期间，渔业资源受到了一定的保护，但是在春禁后，非法渔具的使用一如既往，捕捞手段、捕捞强度没有得到有效的控制，严重制约春季禁渔制度保护资源、恢复资源长期生态效应的效用。为此，建议改进并规范长江休渔制度，让野生鱼类资源得到恢复。

江湖连通能够很好地改善湖区水质，增加湖区水量，实现江湖的水文循环，为鱼类生长繁衍创造条件。同时，恢复湖泊通江不仅能为许多洄游或半洄游性鱼类提供"三场"（索饵场、繁殖场、育肥场），还能保护湖泊的自然属性和生态系统的稳定性，减缓湖泊的萎缩趋势，保持有较多类型的湿地，利于生物多样性的保护与恢复，增强湖泊降解污染的能力，提高湖泊防蓄洪能力。采用灌江纳苗的方式，将长江大量天然苗种引入湖泊，是增加湖泊鱼类区系组成、复壮湖泊定居性产卵鱼类、提高湖泊渔业产量和丰富生物多样性的重要措施。

由于中华鲟出现了没有自然繁殖的现象，所以对于中华鲟等珍稀水生动物要进行重点保护，包括栖息地的保护、恢复其繁殖需要的水文条件等。

（五）创新三峡工程的运行管理机制，优化生态调度

三峡水库运行以来，在发挥巨大社会经济效益的同时，也引发了一系列的生态、环境问题。传统水库调度方式以水库防洪、水电站发电量最多、最大限度改善航运条件为主，较少兼顾生态环境保护。已有研究表明，现行水库调度方案已经不能有效维持河流生态功能的正常运转。因此，必须转变水库传统的调度方式。

当前情况下，除加强污染源治理和生态环境保护的工程措施外，必须格外重视水库生态调度的优化及实践，特别是要做到"三要"：一要清晰认识实施水库生态调度改善生态环境问题的紧迫性，做到调度目标的相互协调；二要在符合三峡水库水文规律的前提下，继续灵活、深入地开展生态调度试验，积极

探索；三要做好生态调度的效应综合评估，为建立长效、高效的多目标水库调度方式提供决策参考。

# 主 要 参 考 文 献

［1］ LI M，GAO X，YANG S，et al. Effects of environmental factors on natural reproduction of the four major Chinese carps in the Yangtze River ［J］. China Zoological Science，2013，30：296－303.

［2］ WU J，GAO X，GIORGI F，et al. Climate effects of the Three Gorges Reservoir as simulated by a high resolution double nested regional climate model ［J］. Quaternary International，2012，282：27－36.

［3］ WU L G，ZHANG Q，JIANG Z H. Three Gorges Dam affects regional precipitation ［J］. Geophysical Research Letters，2006，33：L13806.

［4］ 白宝伟，王海洋，李先源，等. 三峡库区淹没区与自然消落区现存植被的比较 ［J］. 西南农业大学学报（自然科学版），2005（5）：684－691.

［5］ 白路遥，荣艳淑. 气候变化对长江、黄河源区水资源的影响 ［J］. 水资源保护，2012（1）：46－50.

［6］ 陈吉余，徐海根. 三峡工程对长江河口的影响 ［J］. 长江流域资源与环境，1995，4（3）：242－246.

［7］ 陈丽华，周率，党建涛，等. 2006 年盛夏川渝地区高温干旱气候形成的物理机制研究 ［J］. 气象，2010（5）：85－91.

［8］ 陈鲜艳，宋连春，郭占峰，等. 长江三峡库区和上游气候变化特点及其影响 ［J］. 长江流域资源与环境，2013，22（11）：1466－1472.

［9］ 陈鲜艳，张强，叶殿秀，等. 三峡库区局地气候变化 ［J］. 长江流域资源与环境，2009，18（1）：47－51.

［10］ 段辛斌，陈大庆，李志华，等. 三峡水库蓄水后长江中游产漂流性卵鱼类产卵场现状 ［J］. 中国水产科学，2008（15），523－532.

［11］ 郭宏忠，于亚莉. 重庆三峡库区水土流失动态变化与防治对策 ［J］. 中国水土保持，2010（4）：58－59.

［12］ 胡波，张平仓，任红玉，等. 三峡库区消落带植被生态学特征分析 ［J］. 长江科学院院报，2010（11）：81－85.

［13］ 黄群，孙占东，姜加虎. 三峡水库运行对洞庭湖水位影响分析 ［J］. 湖泊科学，2011（23），424－428.

［14］ 黄悦，范北林. 三峡工程对中下游四大家鱼产卵环境的影响 ［J］. 人民长江，2008，39（19）：39－41.

［15］ 黎莉莉，张晟，刘景红，等. 三峡库区消落区土壤重金属污染调查与评价 ［J］. 水土保持学报，2005（4）：127－130.

[16] 黎明政，姜伟，高欣，等. 长江武穴江段鱼类早期资源现状 [J]. 水生生物学报，2010 (34)：1211－1217.

[17] 李景保，常疆，吕殿青，等. 三峡水库调度运行初期荆江与洞庭湖区的水文效应 [J]. 地理学报，2009，64 (11)，1342－1352.

[18] 李培龙，张静，杨维中. 大型水库建设影响人群健康的潜在危险因素分析 [J]. 疾病监测，2009 (2)：137－140.

[19] 李月臣，刘春霞，赵纯勇，等. 三峡库区重庆段水土流失的时空格局特征 [J]. 地理学报，2008 (5)：502－513.

[20] 廖要明，张强，陈德亮. 1951—2006 年三峡库区夏季气候特征 [J]. 气候变化研究进展，2007，3 (6)：368－372.

[21] 刘德富，黄钰铃，纪道斌，等. 三峡水库支流水华与生态调度 [M]. 北京：中国水利水电出版社，2013.

[22] 刘建虎，陈大庆，刘绍平，等. 长江上游四大家鱼卵苗发生量调查 [R]. 农业农村部淡水鱼类种质资源与生物技术重点开放实验室，2007.

[23] 刘云峰，刘正学. 三峡水库涨落带植被重建模式初探 [J]. 重庆三峡学院学报，2006 (3)：4－7.

[24] 马占山，张强，朱蓉，等. 三峡库区山地灾害基本特征及滑坡与降水关系 [J]. 山地学报，2005 (3)：319－326.

[25] 彭期冬，廖文根，李翀，等. 三峡工程蓄水以来对长江中游四大家鱼自然繁殖影响研究 [J]. 四川大学学报（工程科学版），2012，44 (52)：228－232.

[26] 苏化龙，林英华，张旭，等. 三峡库区鸟类区系及类群多样性 [J]. 动物学研究，2001 (3)：191－199.

[27] 唐建华，赵升伟，刘玮祎，等. 三峡水库对长江河口北支咸潮倒灌影响探讨 [J]. 水科学进展，2011 (4)：554－560.

[28] 汪新丽. 三峡工程的兴建对库区人群健康的影响及防控对策 [C] // 预防医学学科发展蓝皮书（2006 卷），2006：204－208.

[29] 王强，刘红，张跃伟，等. 三峡水库蓄水后典型消落带植物群落时空动态——以开县白夹溪为例 [J]. 重庆师范大学学报（自然科学版），2012，29 (3)：66－69.

[30] 王强，袁兴中，刘红，等. 三峡水库初期蓄水对消落带植被及物种多样性的影响 [J]. 自然资源学报，2011 (10)：1680－1692.

[31] 王勇，刘义飞，刘松柏，等. 三峡库区消涨带特有濒危植物丰都车前 Plantago fengdouensis 的迁地保护 [J]. 武汉植物学研究，2006 (6)：574－578.

[32] 王勇，刘义飞，刘松柏，等. 三峡库区消涨带植被重建 [J]. 植物学通报，2005，22 (5)：513－522.

[33] 王勇，吴金清，黄宏文，等. 三峡库区消涨带植物群落的数量分析 [J]. 武汉植物学研究，2004 (4)：307－314.

[34] 吴佳，高学杰，张冬峰，等. 三峡水库气候效应及 2006 年夏季川渝高温干旱事件的区域气候模拟 [J]. 热带气象学报，2011 (1)：44－52.

[35] 谢文萍，杨劲松. 三峡工程调蓄进程中长江河口区土壤水盐动态变化 [J]. 长江流

域资源与环境，2011（8）：951-956.

[36] 熊超军，刘德富，纪道斌，等. 三峡水库汛末175m试验蓄水过程对香溪河库湾水环境的影响 [J]. 长江流域资源与环境，2013，22（5）：648-656.

[37] 熊平生，谢世友，莫心祥. 长江三峡库区水土流失及其生态治理措施 [J]. 水土保持研究，2006（2）：272-273.

[38] 徐薇，刘宏高，唐会元，等. 三峡水库生态调度对沙市江段鱼仔和仔鱼的影响 [J]. 水生态学杂志，2014，35（2）：1-8.

[39] 徐昔保，杨桂山，李恒鹏，等. 三峡库区蓄水运行前后水土流失时空变化模拟及分析 [J]. 湖泊科学，2011（3）：429-434.

[40] 许继军，陈进. 三峡水库运行对鄱阳湖影响及对策研究 [J]. 水利学报，2013，44（7），757-763.

[41] 杨丽，邓洪平，韩敏，等. 三峡库区抢救植物中华蚊母种子特性研究 [J]. 西南大学学报（自然科学版），2008（1）：79-84.

[42] 杨小兵，徐勇，赵鑫，等. 三峡工程蓄水前后湖北宜昌段鼠密度及鼠类种群变化趋势分析 [J]. 疾病监测，2010（10）：813-815.

[43] 叶殿秀，陈鲜艳，张强，等. 1971—2003年三峡库区诱发滑坡的临界降水阈值初探 [J]. 长江流域资源与环境，2014，23（9）：1289-1294.

[44] 叶殿秀，邹旭恺，张强，等. 长江三峡库区高温天气的气候特征分析 [J]. 热带气象学报，2008，24（2）：200-204.

[45] 余世鹏，杨劲松，刘广明. 三峡调蓄条件下长江河口地区滨海滨江土壤盐渍化状况研究 [J]. 土壤学报，2009（6）：1013-1017.

[46] 袁超，陈永柏. 三峡水库生态调度的适应性管理研究 [J]. 长江流域资源与环境，2011，20（3）：269-275.

[47] 张国，吴朗，段明，等. 长江中游不同江段四大家鱼幼鱼孵化日期和早期生长的比较研究 [J]. 水生生物学报，2013（37）：306-313.

[48] 赵军凯，李九发，戴志军，等. 长江宜昌站径流变化过程分析 [J]. 资源科学，2012（34）：2306-2315.

[49] 邹旭恺，高辉. 2006年夏季川渝高温干旱分析 [J]. 气候变化研究进展，2007（3）：149-153.

附件：

# 课题组成员名单

## 专 家 组

**组　长：**李文华　中国科学院地理科学与资源研究所研究员，中国工程院

院士
**副组长：** 曹文宣　中国科学院水生生物研究所研究员，中国科学院院士
李泽椿　国家气象中心研究员，中国工程院院士
**成　员：** 闵庆文　中国科学院地理科学与资源研究所研究员
黄河清　中国科学院地理科学与资源研究所研究员
周万村　中国科学院成都山地研究所研究员
张洪江　北京林业大学水土保持学院教授
刘雪华　清华大学环境学院副教授
陈鲜艳　国家气候中心研究员
张　强　国家气候中心研究员
毛冬艳　国家气象中心高级工程师
盛　杰　国家气象中心高级工程师
曾红玲　国家气候中心高级工程师
邹旭恺　国家气候中心高级工程师
梅　梅　国家气候中心工程师
刘焕章　中国科学院水生生物研究所研究员
程金花　北京林业大学副教授
毕永红　中国科学院水生生物研究所副研究员

## 工　作　组

张　彪　中国科学院地理科学与资源研究所副研究员
刘某承　中国科学院地理科学与资源研究所副研究员
高　欣　中国科学院水生生物研究所副研究员
陈鲜艳　国家气候中心研究员
王月冬　国家气象中心高级工程师
王　波　中国工程院战略咨询中心

# 报 告 六

# 环境影响评估课题简要报告

## 一、研究背景

本课题的评估对象主要包括三峡库区和上游区的环境质量状况、污染减排情况，三峡库区的环境健康状况，以及库区下游水质的变化情况。其中，三峡库区干流的水质断面包括重庆朱沱、重庆寸滩、涪陵清溪场、万州晒网坝、巫山培石 5 个断面，库区主要支流共 38 条，坝址下游包括城陵矶、风波港、湖口、皖河口、江宁河口、朝阳农场 6 个断面。本课题评估范围共涉及 276 个县（区），包括三峡库区 20 个县（区）、三峡库区影响区 42 个县（区）、三峡库区上游区 214 个县（区）。

研究数据主要来源于国家环境监测网络的点位/断面数据，重庆市、湖北省等地方环境监测网络的点位/断面数据，生态环境部环境统计数据、总量核查数据、重点流域规划、三峡工程生态与环境监测系统的监测数据，中国疾病预防控制中心的人群健康监测数据，以及国家统计局发布的社会经济统计数据。

水质、水体富营养化评价主要依据《地表水环境质量标准》（GB 3838—2002）、《关于印发〈地表水环境质量评价办法（试行）〉的通知》（环办〔2011〕22号）、《地表水资源质量标准》（SL 63—1994）中规定的评价标准和评价方法。总体评估时间段为 1996—2013 年，其中 2008—2013 年为试验性蓄水期，各项评估的时间段根据数据统计情况有所调整。

## 二、三峡库区及其上下游水质变化趋势

### （一）三峡库区干流水质稳中向好

1998—2013 年，三峡库区干流水质保持良好，除个别断面的少数年份外，水质均为Ⅱ～Ⅲ类（见表 1）。

表 1　　　　　　　　　　　　　三峡库区干流年度水质状况

| 断面 | 1998年 | 1999年 | 2000年 | 2001年 | 2002年 | 2003年 | 2004年 | 2005年 | 2006年 | 2007年 | 2008年 | 2009年 | 2010年 | 2011年 | 2012年 | 2013年 |
|---|---|---|---|---|---|---|---|---|---|---|---|---|---|---|---|---|
| 朱沱 | Ⅲ | Ⅱ | Ⅱ | Ⅱ | Ⅱ | Ⅱ | Ⅱ | Ⅱ | Ⅱ | Ⅲ | Ⅱ | Ⅲ | Ⅲ | Ⅲ | Ⅲ | Ⅲ |
| 寸滩 | Ⅲ | Ⅳ | Ⅲ | Ⅳ | Ⅲ | Ⅲ | Ⅲ | Ⅲ | Ⅱ | Ⅱ | Ⅱ | Ⅲ | Ⅲ | Ⅲ | Ⅲ | Ⅲ |
| 清溪场 | — | — | — | Ⅱ | Ⅲ | Ⅲ | Ⅲ | Ⅲ | Ⅲ | Ⅲ | Ⅱ | Ⅲ | Ⅲ | Ⅲ | Ⅲ | Ⅲ |
| 晒网坝 | Ⅲ | Ⅱ | Ⅱ | Ⅱ | Ⅲ | Ⅲ | Ⅲ | Ⅲ | Ⅲ | Ⅰ | Ⅰ | Ⅲ | Ⅲ | Ⅲ | Ⅲ | Ⅲ |
| 培石 | — | — | — | Ⅱ | Ⅲ | Ⅲ | Ⅲ | Ⅲ | Ⅰ | Ⅰ | Ⅲ | Ⅲ | Ⅲ | — | — | — |

注　2009 年起，常规监测参与水质评价的项目由 9 项增加到 21 项。

高锰酸盐指数、氨氮、石油类浓度均明显下降，特别是 2003 年后浓度下降更为显著。高锰酸盐指数浓度 1996—2013 年总体保持在Ⅱ类、Ⅲ类，试验性蓄水后均达到Ⅱ类水质；氨氮浓度 1996—2013 年基本保持在Ⅱ类、Ⅲ类，2003 年后持续达到Ⅱ类水质；粪大肠菌群 2004 年前污染严重，2004 年为劣Ⅴ类，2004 年后显著降低，试验性蓄水后保持Ⅲ类水质。

### （二）三峡库区一级支流回水区水质劣于非回水区

三峡库区一级支流水质沿程变化特征为：库尾段一级支流水质持平或劣于干流（寸滩）水质；库中段一级支流水质与干流（清溪场、晒网坝）基本持平；库首段一级支流水质优于干流（培石）水质。

三峡库区一级支流水质总体优于上游来水。37 条主要支流非回水区水质多为Ⅰ～Ⅲ类，优于岷江、沱江和乌江等上游来水。三峡库区一级支流非回水区水质优于回水区。

### （三）三峡库区上游支流水质好转，但氮、磷污染突出

1998—2013 年，三峡库区上游支流入长江水质基本稳定在Ⅱ～Ⅲ类，但氮、磷污染严重。2003—2013 年，沱江和乌江总氮浓度均为劣Ⅴ类，岷江未达到Ⅲ类，嘉陵江 2012 年和 2013 年均为劣Ⅴ类；2003—2013 年，沱江总磷浓度稳定在Ⅳ类，乌江则呈上升趋势，至 2012 年为劣Ⅴ类，嘉陵江和岷江均未达到Ⅲ类。

### （四）长江中下游整体水质无明显变化

1998—2013 年，长江中下游主要断面水质基本保持为Ⅱ～Ⅲ类，部分断面试验性蓄水前为Ⅳ类水质，蓄水后达到Ⅱ类、Ⅲ类。2003 年后，三峡大坝下游干流总氮浓度范围为 1.0～2.0mg/L，水质未达到Ⅲ类标准；三峡大坝下游干流总磷浓度范围为 0.05～0.15mg/L，水质达到Ⅲ类标准。

## 三、三峡库区水体富营养化及水华情况

### (一) 三峡库区主要支流水体富营养状况有所加重，回水区富营养化程度较高

试验性蓄水后，三峡库区主要支流水体富营养化程度总体上呈加重趋势。三峡库区38条主要支流中，2010年处于富营养状态断面比例达40.7%；2013年为26.6%，比2007年升高了4.7个百分点。其中，轻度、中度和重度富营养的比例分别为22.4%、3.6%和0.6%。

三峡库区主要支流回水区的富营养化程度高于非回水区。2013年回水区水体处于富营养状态断面比例为32.5%，中营养和贫营养比例分别为67.2%和0.3%。而非回水区富营养状态断面比例为20.3%，中营养和贫营养比例分别为72.0%和7.8%（见图1）。

图1　2013年三峡库区主要支流回水区营养状态比例分布

### (二) 富营养程度较高的支流主要分布在长寿、涪陵、丰都和万州

2007—2013年，三峡库区主要支流综合营养指数评价表明，回水区富营养化程度较高的12条河流为：御临河、龙溪河、桃花溪、清溪河、黎香溪、渠溪河、赤溪河、瀼渡河、石桥河、五桥河、苎溪河和草堂河。而非回水区富营养化程度较高的河流仅为5条，分别为龙溪河、桃花溪、清溪河、赤溪河和五桥河。

2013 年，富营养化程度较高的支流主要分布在长寿、涪陵、丰都和万州等库尾和库中，万州下游至库首的支流富营养化程度相对较低。

### （三）三峡库区主要支流总磷和总氮浓度有所升高

2007—2013 年，三峡库区主要支流回水区总磷、总氮浓度均呈上升趋势。2007 年总磷浓度为 0.09mg/L，除 2012 年比 2011 年略有下降以外，2007 年后逐年上升，2013 年总磷浓度达 0.13mg/L；2007 年总氮浓度为 1.6mg/L，后总体有所上升，2013 年浓度为 2.0mg/L。

### （四）三峡库区主要支流存在水华暴发现象

当水体中总磷和总氮分别达到 0.02mg/L 和 0.2mg/L 时，是可能发生水华现象的水体富营养化初始浓度。三峡库区长江干流总磷和总氮浓度已远超这一限值，但目前没有出现水华暴发现象，主要是由于其天然河道特性，水体流速较大，对流扩散和自净能力较强。而库区主要支流水华多有暴发，特别是每年 4—6 月是水华高发期。多年监测结果分析表明，水华暴发频次较高的支流为澎溪河、香溪河、梅溪河、黄金河、磨刀溪、大宁河、汤溪河、汝溪河、草堂河和苎溪河等。水华优势藻类主要为硅藻门的小环藻，甲藻门的多甲藻，绿藻门的丝藻、衣藻、小球藻、空球藻和实球藻，蓝藻门的束丝藻和微囊藻，以及隐藻门的隐藻。

## 四、三峡库区及其上游污染物减排情况

### （一）工业污染物排放量有所下降，而生活污染物排放量呈上升趋势

2000—2013 年，三峡库区及其上游废水排放量总体呈上升趋势。2013 年，废水排放总量为 56.4 亿 t，较 2000 年增加 88.2%。其中，生活污水排放量占废水排放总量的比例每年均超过 50%，且逐年递增，2013 年达到 76.4%；工业废水排放量比例总体呈下降趋势（见图 2）。

从不同区域的废水排放量来看，上游区废水排放量最多，2013 年占三峡库区及其上游废水排放总量的 63.2%；其次分别为影响区和库区，占 19.4% 和 17.4%。

2013 年废水中 COD 排放量 200.4 万 t，较 2010 年减排基数减少 2.8%，其中生活、农业 COD 排放量分别占总量的 52.0% 和 36.2%。2000—2013 年，工业 COD 排放量呈下降趋势，2013 年工业 COD 排放量为 22.2 万 t，比 2000 年的 44.8 万 t 减少近一半；生活 COD 排放量总体呈上升趋势，其中 2000—2010 年基本保持稳定，2011 年有较大幅度上升，2013 年比 2010 年增加了 3.8%。

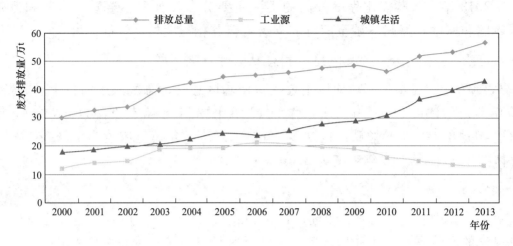

图 2  2000—2013 年三峡库区及其上游废水排放量变化

2013 年废水中氨氮排放量 23.7 万 t，与 2010 年减排基数基本持平，其中生活氨氮排放量占总量的 60.5%。2001—2013 年，氨氮排放总量总体较为稳定。其中，工业氨氮排放量呈波动下降；生活氨氮排放量上升，2013 年比 2010 年升高 4.0%。

工业污染物排放重点行业为造纸及纸制品业、化学原料及化学制品制造业、农副食品加工业和饮料制造业。

生活污水处理厂数量不断增加，由 2001 年的 19 座增加到 2013 年的 599 座，生活污水处理率不断提高，2013 年达到 74.4%；生活污水中 COD、氨氮去除率分别为 39.4%、32.7%，使生活污染治理状况得到不断改善。

**（二）污染减排项目数量大幅增加，COD 减排量有所提高**

2007—2013 年，三峡库区及其上游共有工业减排工程项目 6101 个，生活减排项目 1471 个。减排工程项目数量不断上升，2013 年工业减排工程项目比 2007 年增长 161%，生活减排项目增长 194%（见表 2）。

表 2　　　　　　　　2007—2013 年减排工程项目数量统计　　　　　　　单位：个

| 年份 | 工业项目数量 | 生活项目数量 |
| --- | --- | --- |
| 2007 | 295 | 84 |
| 2008 | 771 | 99 |
| 2009 | 914 | 145 |
| 2010 | 993 | 211 |
| 2011 | 1301 | 224 |

| 年份 | 工业项目数量 | 生活项目数量 |
|---|---|---|
| 2012 | 1057 | 461 |
| 2013 | 770 | 247 |
| 合计 | 6101 | 1471 |

2007—2013 年，三峡库区及其上游工业 COD 累计减排量达 31.2 万 t，生活 COD 达 50.5 万 t。年际 COD 减排量总体呈上升趋势，从 2007 年的 11.3 万 t 增加到 2013 年的 11.4 万 t。其中，年际工业 COD 减排量有所下降，2013 年工业 COD 减排量为 3.4 万 t，较 2007 年减少 30.6%；年际生活 COD 减排量持续上升，2013 年为 8.0 万 t，较 2007 年增加 25.0%。

### （三）重庆市经济社会发展与污染减排成效分析

2013 年，重庆市人口数量较 2001 年增长 9.1%，GDP 约为 2001 年的 6.4 倍。废水排放量不断上升，但工业废水排放量 2013 年与 2001 年基本持平；生活废水排放量从 2001 年的 4.53 亿 t 上升到 2013 年的 10.64 万 t，升幅为 134.9%。主要污染物排放量持续上升，2013 年 COD 和氨氮排放量分别为 26.87 万 t 和 3.90 万 t，比 2001 年增加了 48.7% 和 102.1%（见图 3）。

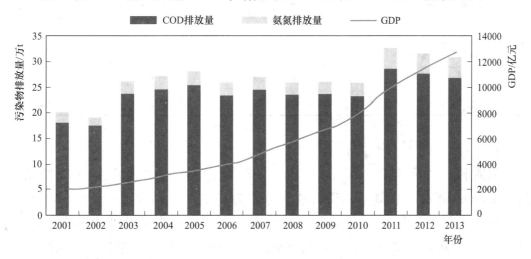

图 3　重庆市 COD、氨氮排放量与 GDP 关系

经济快速增长的同时，环保投资力度不断加大，环境治理工程项目数量逐年增多，尤其是城镇污水处理厂数量、处理能力大幅增加。"十五"期间，环境治理工程项目为 139 个；"十一五"期间为 149 个；"十二五"期间增加到 253 个。

从主要污染物排放强度看，单位 GDP 污染物排放量有所下降。2001—2013

年，COD、氨氮排放强度在2003年达到最高值，分别为37.75t/亿元、3.87t/亿元。其后逐渐下降，2013年COD、氨氮排放强度分别为4.05t/亿元、0.26t/亿元，较2001年的降幅达89.3％和93.3％。

## 五、三峡库区面源污染控制评估

### （一）面源污染压力较大，农田径流、畜禽养殖、农村生活污染的贡献较大

2012年，三峡库区COD、总氮和总磷面源污染负荷总量分别为155404.09t、20824.34t和2259.27t。其中，农田径流、畜禽养殖、农村生活污染的贡献较大，是库区面源污染控制的重点。COD排放以畜禽养殖污染源贡献比例最高，占81.83％；城市径流、农村生活污染贡献次之，分别占10.52％、6.33％。总氮和总磷排放以农田径流贡献比例最高，分别占63.13％和58.93％；农村生活分别占25.50％、22.53％（见表3）。

表3　　　　　　　　2012年三峡库区面源污染负荷估算结果　　　　　　单位：t

| 污染类别 | COD | 总氮 | 总磷 |
|---|---|---|---|
| 农村生活污染源 | 98300 | 5310 | 509 |
| 畜禽养殖污染源 | 127167.5 | 1705.7 | 262.45 |
| 城市径流 | 16347 | 111（以氨氮计） | 66 |
| 农田径流 | | 13146.25 | 1331.34 |
| 船舶流动污染源 | 711.2 | 336 | 50.5 |
| 水产养殖 | 1348.39 | 215.39 | 39.98 |
| 合计 | 155404.09 | 20824.34 | 2259.27 |

### （二）各类面源污染来源分析

从农村生活污染看，2012年三峡库区农村生活污水排放量为8339万t，其中COD、氨氮、总氮、总磷排放量分别为98300t、1485t、5310t、509t。

从城市径流污染看，2012年三峡库区城市径流污染负荷产生量中，COD、氨氮、总磷分别为16347t、111t、66t。与1990年相比，城市径流的COD、总磷产生量分别增加了17.9％和18.51％。

从种植业污染看，根据国务院三峡办"三峡工程生态与环境监测系统"数据估算结果，2012年三峡库区地表径流化肥施用流失的总氮、总磷分别为9378t和2412t。其中，总氮、总磷流失量最大的是云阳，分别为2721t和741t，分别占三峡库区总流失量的29％和30.7％；总氮、总磷流失量最少的为巫溪，分别为16t和3t。

从畜禽养殖污染看，根据国务院三峡办"三峡工程生态与环境监测系统"数据估算结果，2012 年畜禽粪便中 COD 散排量约为 103.39 万 t，入河量约为 12.72 万 t；总氮和总磷散排量分别为 60060t 和 9176.49t，入河量分别为 1705.7t 和 262.46t。三峡库区各区县中，畜禽养殖污染最重者为云阳，其次为涪陵、丰都和巫山。

从水产养殖污染看，根据环保部门污染普查数据统计，2012 年三峡库区水产养殖 COD、总氮和总磷排放总量分别为 1348.39t、215.39t 和 39.98t。从各区县来看，水产养殖污染最重者为长寿，其次为秭归、江津和巴南等。巴东和兴山等水产养殖污染较低。

从流动源污染看，库区船舶油污水量从 1997 年的 66.7 万 t 降低到 2012 年的 51.0 万 t；石油类排放量有所上升。2002—2008 年，库区船舶生活污水排放量由 2002 年的 136 万 t 上升到 2008 年的 404.6 万 t，2008 年后加强了污水集中处理，使排放量在 2012 年降低到 397.1 万 t。

## 六、三峡库区环境健康影响评估

### (一) 三峡库区人口出生率呈下降趋势

1997—2007 年，三峡库区监测点人口出生率呈下降趋势，试验性蓄水期间略有上升。1997—2003 年出生率从 8.33‰下降至 7.68‰，2004—2007 年年均为 7.35‰，2008—2012 年年均为 7.68‰；人口死亡率变化较为平稳，1997—2003 年人口死亡率为 4.96‰～5.95‰，2004—2007 年年均为 5.50‰，2008—2012 年年均为 5.76‰；婴儿死亡率总体呈下降趋势，1997—2003 年年均为 10.85‰～16.89‰，2004—2007 年年均为 11.99‰，2008—2012 年年均为 6.94‰。三峡库区人口出生率和死亡率均明显低于全国水平。

1997—2012 年，三峡库区人群死因统计分析显示，循环系统、恶性肿瘤、呼吸系统、损伤中毒（跌死、自杀、交通事故、中毒等）和消化系统疾病是导致库区人群死亡的主要原因。总体看来，三峡库区人群死因顺位构成与全国总体情况相同，各死因所占比例与全国水平相似。

### (二) 传染病发病率有所上升

三峡库区传染病总发病率有所上升，其中 2003 年后传染病发病率有所上升，试验性蓄水后传染病发病率与蓄水前相比基本持平。1997—2002 年三峡库区各监测点传染病发病率为 429.37/10 万～679.67/10 万，年均发病率为 581.21/10 万；2003—2007 年传染病发病率为 637.15/10 万～748.88/10 万，年均发病率为 675.62/10 万。

三峡库区未出现鼠疫疫情，生物媒介传染病发病率不高。1997—2013年，与水库蓄水相关的霍乱、甲肝、痢疾和伤寒、副伤寒等传染病处于较低发病水平，且未出现大规模的暴发疫情；与水库蓄水关系密切的由生物媒介传播的疾病如疟疾、乙脑、流行性出血热、钩端螺旋体病等发病数较少，且近年来发病率有所下降。但重庆、丰都、万州的钩端螺旋体病血清抗体水平均低于10%，说明三峡库区存在着不同程度的流行性出血热、钩端螺旋体病和乙型脑炎的免疫空白。要继续加强重点人群传染病防控工作，不断提高人群免疫水平，防止出现大的暴发性疫情。

2008—2013年，监测点人群抽样调查甲状腺肿大率及氟斑牙阳性率总体均呈逐年下降趋势，与全国整体变化趋势相同。说明蓄水未对地方病产生明显影响。

### （三）与传染病传播有关的生物媒介影响

#### 1. 室内鼠密度呈上升趋势，室外密度呈下降趋势

1997—2003年，三峡库区监测点室内鼠密度有所下降，年均为4.14%，略低于户外的4.29%；2003年后，鼠密度呈室内密度上升、室外密度下降的趋势。

三峡库区村民的居室内常有褐家鼠、小家鼠、黄胸鼠分布，野外农区有小家鼠、黄毛鼠、黑线姬鼠、四川短尾鼩等分布。褐家鼠、黄胸鼠、小家鼠、黑线姬鼠等都可以携带或者感染流行性出血热病毒、钩端螺旋体细菌和鼠疫杆菌并传播给人，对人类健康构成一定的潜在威胁。

#### 2. 监测点蚊密度总体呈现下降趋势

1997—2013年三峡库区监测点蚊密度总体呈下降趋势，2003年、2008年和2013年畜圈成蚊密度明显低于2003年前的平均水平。其中，1997—2002年三峡库区畜圈的成蚊密度187.2只/（间·人工小时），明显高于户内57.5只/（间·人工小时）；2003—2007年畜圈的成蚊密度126.8只/（间·人工小时），户内为38.0只/（间·人工小时）；2008—2013年畜圈蚊密度为129.6只/（间·人工小时），户内为22.9只/（间·人工小时）。

#### 3. 消落带病媒生物并无显著影响

2010—2012年，三峡库区消落带监测点的总体鼠密度处于较低水平，总体呈逐年下降。开州区、忠县、巴南消落带的鼠类密度高于秭归，且种类较多，与其监测样地的生境多样，便于人群活动等因素有关。

退水后成蚊及幼蚊监测中均有发现，且在巴南有较高的密度值。消落带的生态环境为蚊虫提供了良好的孳生条件，需继续监测，掌握其分布规律。

三峡库区消落带的蝇密度值（0～3.6 只/笼）处于低密度水平；与消落带人为活动少、缺少牲畜而不能形成蝇赖以生存的孳生环境有关。消落带监测中未发现钉螺。

## 七、三峡工程环境保护进展

### （一）环境治理工程力度不断加大

三峡库区及其上游环境治理工程项目多，投资大。项目数量由"十五"的 335 个增加到"十二五"的 1008 个；项目规划投资由"十五"的 232.7 亿元增加到"十二五"的 458.1 亿元，分别增加 200.9％和 96.9％。累计治理项目占全国重点流域总项目的 15％以上，投资占 10％以上。

污染治理项目类型多样。除常规的工业重点源治理、城镇污水处理设施等项目外，"十五"增加了生态保护工程、次级河流综合整治等项目，"十一五"增加了小流域综合整治、流动源治理、环境监管能力建设、库底清理、漂浮物清理等，"十二五"增加了饮用水水源地污染防治、畜禽养殖污染防治等项目。

城镇污水处理设施项目占比大。2001—2010 年，环境治理工程主要以工业污染治理项目为主，项目数约占总数的 50％；2011—2015 年，以城镇污水处理设施建设为主，约占总项目数的 43％。从投资情况看，以城镇污水处理设施及配套设施建设项目所占比例最多，"十五""十一五"和"十二五"分别占 62％、37％和 49％。

### （二）制定环保管理政策措施

国家、地方政府制定了一系列三峡库区水环境保护管理政策，包括《国务院关于推进重庆市统筹城乡改革和发展的若干意见》《重庆市长江三峡水库库区及流域水污染防治条例》《湖北省水污染防治条例》等。同时实施一系列相关规划，包括如《长江上游污染整治规划》（1999 年）、《三峡库区及其上游水污染防治规划》（2001—2010）等，并采取了一系列措施保障水环境安全。

## 八、三峡环境保护问题和对策建议

总体来看，三峡建库的环境影响主要集中在库区。由于湖北省和重庆市出台了水污染防治条例，国家实施了《三峡库区及其上游污染防治规划》（2001—2010），并采取了污染物总量减排、生态环境保护和建设等一系列有效措施，目前环境影响问题尚处于可控状态。但是三峡水库试验性蓄水时间尚短，其水生态系统尚不稳定，水环境演变规律尚不明晰，未来三峡水库的水环境保护仍将面临上游、库区社会经济发展的多重压力，因此在三峡后续规划中应更加注重水环境保护的综合研究与跟踪监测。

### （一）三峡库区及其上游环境保护面临的主要问题

#### 1. 上游来水污染压力仍然较大，流域保护统筹体系尚不完善

上游"三江"（长江干流、嘉陵江、乌江）来水是三峡水库水量的主要来源，但目前流域上下游缺乏统筹保护，缺乏统筹管理的管理立法、管理机制及配套政策标准以及跨流域的生态补偿机制。上游入库河流按照河流型水体进行水质管理，而三峡库区作为处于湖泊与河流型水体之间的复合类型，按照河道型水库水体管理，上下游之间对总氮、总磷等湖库营养盐指标进行统筹协调管理的机制尚未建立。

#### 2. 三峡库区支流富营养化和水华问题突出，但演变机制尚不明晰

三峡水库蓄水后支流富营养化和水华相对蓄水前明显加重。由于支流富营养化和水华受流域人类活动、水利工程调度运行的双重驱动，加之大型水利工程对水生态环境的影响具有长期性、复杂性，未来支流富营养化和水华演变趋势如何尚不明确，需要进一步跟踪观测研究。

#### 3. 三峡库区面源污染贡献比例高，防控措施不足

在农业增产、增收的压力下，三峡库区化肥、农药施用量不断增加，畜禽养殖业也得到了较大的发展，面源污染压力逐步增大。但"十五"以来的污染防治多以点源污染控制为主，面源污染治理的相关工程措施不足。此外，移民安置区未统筹考虑农村面源污染治理。

#### 4. 三峡库区产业布局存在较大风险，威胁水环境安全

近10年来三峡库区及其上游的石油、化工、能源、城镇燃气以及交通运输等行业发展迅猛，而且这些工业园区和企业、城镇污水处理厂等大多沿江分布。同时，沿江还分布几十座化学品装卸码头和中转仓库，这些风险源造成的潜在风险对水环境安全构成严重威胁。

#### 5. 环保治理工程实施与管理水平较低

三峡库区及其上游的环境治理工程建设实施进展较慢。"十五"三峡库区及其上游共完成项目227个，完工率为67.8%。"十一五"共完成项目353个，完工率为76.7%，比全国平均水平低10个百分点。"十二五"已完成项目166个，完工率仅为16.5%，比全国低25个百分点。同时，已完工项目存

在诸如小城镇污水处理工艺脱离实际，运行经费难以保证，污水和垃圾处理设施运行管理水平低等问题。

### （二）三峡环境保护对策与建议

**1. 积极推进三峡库区及其上游环境保护的统筹协调与管理体系建设**

设置三峡库区上下游环境保护统筹协调管理机构，加快建立健全流域上下游水环境保护评估考核体系；根据上游梯级水电开发可能带来的水量、水质、泥沙变化，动态调整和优化上下游统筹管理的目标和要求；设立环境补偿基金，建立上下游生态补偿机制和污染损害赔偿机制；进一步完善三峡库区及其上游总量减排制度，适时启动实施氮磷总量控制行动。

**2. 进一步优化产业结构布局，强化化工行业风险防控，稳步推进人口减载**

优化升级库区产业结构，淘汰落后产能，鼓励采用先进技术和清洁生产工艺，加快产品升级换代，推进产业结构优化调整；提高库区环境准入门槛，加强项目环评管理，适度限制化工行业的发展；积极推动库区生态工业园区建设，加快工业园区循环经济产业链建设步伐；稳步推进库区人口就业转移和人口减载，促进农村人口自主就业、创业转移。

**3. 采取有效综合整治措施，切实加强库区面源污染防治**

以畜禽养殖、农田径流为重点，强化农村面源污染控制，探索基于库区土地消纳能力的养殖规模优化方法；严禁网箱养鱼并防止"死灰复燃"，同时由政府主导建设育苗、投苗基地，开展渔业增殖和天然生态渔场建设；因地制宜地在农村居民集中居住点推广建设氧化塘、沼气池、湿地污水处理系统等污水处理设施；探索高效的生态农业模式，推广绿色肥料和有机肥料以及高效、低毒、低残留农药，提高农药化肥使用效率。

**4. 进一步完善环保设施建设，提升运营管理水平**

进一步提高库区环保基础设施建设与运维管理水平；对于尚未配套建设污水处理设施的集镇，应因地制宜地选择合理的污水收集处理方案，避免生活污水直排；尽快制定移民安置区垃圾处理设施建设规划；严格库区污水处理厂运营监管，促进污水处理厂认真履行运营合同，做到不偷排、不漏排。

**5. 继续加强库区水环境保护跟踪观测和相关研究**

三峡水库试验性蓄水时间尚短，其水生态系统尚不稳定，水环境演变规律尚不明晰，未来三峡水库仍将面临上游、库区社会经济发展的多重压力，因此在三峡后续的规划中，应更加注重水环境保护的综合研究与跟踪监测。

# 主 要 参 考 文 献

［1］ 陈国阶. 三峡库区发展态势与问题［J］. 长江流域资源与环境，2003，12（2）：107－112.

［2］ 邓春光，等. 三峡库区富营养化研究［M］. 北京：中国环境科学出版社，2007.

［3］ 方芳，李哲，田光，等. 三峡小江回水区磷素赋存形态季节变化特征及其来源分析［J］. 环境科学，2009，30（12）：3488－3493.

［4］ 国家环境保护总局. 水和废水监测分析方法［M］. 4版. 北京：中国环境科学出版社，2002.

［5］ 国家环境保护总局. 中国环境统计年报［M］. 北京：中国环境科学出版社，1997—2013.

［6］ 国务院三峡工程建设委员会办公室移民管理咨询中心. 三峡水库消落带现状与管理情况调研报告［R］，2008.

［7］ 贺建，王星. 污染物总量减排存在问题及对策研究［J］. 环境科学与管理，2010，35（1）：3133.

［8］ 李凤清，叶麟，刘瑞秋，等. 香溪河流域水体环境因子研究［J］. 生态科学，2007，26（3）：199－207.

［9］ 李培龙，汪诚信，毛德强，等. 1997—2007年三峡库区监测点蚊类监测资料分析［J］. 中国媒介生物学及控制，2009，20（1）：7－10.

［10］ 刘炳江. 污染减排五年成果回顾与"十二五"展望［J］. 环境保护，2011（23）：30－32.

［11］ 彭成荣，陈磊，毕永红，等. 三峡水库洪水调度对香溪河藻类群落结构的影响［J］. 中国环境科学，2014，34（7）：1863－1871.

［12］ 施艳. 环境统计在主要污染物总量减排工作中的作用［J］. 资源节约与环保，2014（3）：58.

［13］ 水利部长江水利委员会. 长江三峡水利枢纽初步设计报告［R］，1992.

［14］ 王金南，葛察忠，张勇，等. 中国水污染防治体制与政策［M］. 北京：中国环境科学出版社，2004.

［15］ 王晓宁，常昭瑞，张静. 2008—2009年三峡库区监测点人群健康状况动态分析［J］. 中国慢性病预防与控制，2010，18（5）：441－444.

［16］ 魏复盛. 三峡库区及其上游水污染防治战略研究［M］. 北京：中国环境科学出版社，2009.

［17］ 张彦春，王孟钧，戴若林. 三峡库区水环境安全分析与战略对策［J］. 长江流域资源与环境，2007，16（6）：801－804.

［18］ 长江水利委员会. 长江三峡工程生态与环境监测系统-水文水质同步监测重点站技

术报告［R］，1996—2013.

[19]　郑春宏. 污染物总量减排中存在的问题和对策［J］. 污染防治技术，2009，22（2）：80 - 83.

[20]　中国工程院. 长江三峡工程专题论证报告汇编［G］，2008.

[21]　中国工程院三峡工程阶段性评估项目组. 三峡工程阶段性评估报告　综合卷［M］. 北京：中国水利水电出版社，2010.

[22]　中国环境监测总站. 三峡工程试验性蓄水期（2008—2012 年）三峡库区环境状况评估报告［R］，2013.

[23]　中国环境监测总站. 三峡库区主要支流水华预警与应急监测报告（2004—2013）［R］，2004—2013.

[24]　中国环境监测总站. 长江三峡工程生态与环境监测公报［R］. 北京：国家环境保护总局，1997—2007.

[25]　中国环境监测总站. 长江三峡工程生态与环境监测公报［R］. 北京：环境保护部，2008—2013.

[26]　中国环境科学研究院. 三峡水库生态安全保障方案研究报告［R］，2009.

[27]　中国科学院环境评价部，长江水资源保护科学研究所. 长江三峡水利枢纽环境影响报告书［R］，1991.

[28]　中国科学院三峡工程生态与环境科研项目领导小组. 长江三峡工程对生态与环境的影响及对策研究［M］. 北京：科学出版社，1988.

[29]　重庆市农业局. 重庆市农业面源污染综合防治示范区建设项目实施方案［R］，2008.

## 附件：

## 课题组成员名单

组　　长：魏复盛　中国环境监测总站研究员，中国工程院院士
副组长：王业耀　中国环境监测总站副站长，研究员
　　　　郑丙辉　中国环境科学研究院副院长，研究员
　　　　王金南　生态环境部环境规划院副院长，研究员
成　　员：张建辉　中国环境监测总站研究员
　　　　孙宗光　中国环境监测总站研究员
　　　　景立新　中国环境监测总站研究员
　　　　吴国平　中国环境监测总站研究员
　　　　许人骥　中国环境监测总站高级工程师
　　　　李　茜　中国环境监测总站工程师
　　　　秦延文　中国环境科学研究院研究员

许其功　中国环境科学研究院研究员

王丽婧　中国环境科学研究院副研究员

王　东　生态环境部环境规划院研究员

赵　越　生态环境部环境规划院副研究员

何立环　中国环境监测总站高级工程师

刘　京　中国环境监测总站研究员

王　鑫　中国环境监测总站高级工程师

刘海江　中国环境监测总站高级工程师

王晓斐　中国环境监测总站高级工程师

于　洋　中国环境监测总站工程师

彭福利　中国环境监测总站工程师

孙　聪　中国环境监测总站工程师

齐　杨　中国环境监测总站工程师

马广文　中国环境监测总站工程师

曹　宝　中国环境科学研究院副研究员

李　虹　中国环境科学研究院工程师

续衍雪　生态环境部环境规划院工程师

# 报 告 七

# 枢纽建筑评估课题简要报告

## 一、评估工作的背景与依据

2013年12月，三峡建委委托中国工程院开展"三峡工程建设第三方独立评估"工作，在三峡工程论证及可行性研究结论的阶段性评估和三峡工程试验性蓄水阶段评估的基础上，组织开展对三峡工程建设整体的客观评估工作。枢纽建筑组根据中国工程院的总体安排，组成专家组对三峡工程进行了现场考察，听取了长江勘测规划设计研究院、三峡集团公司关于设计、建设管理和枢纽建筑物运行情况的汇报，查阅了相关资料，撰写了枢纽建筑评估报告，并邀请有关专家进行了两次评议，最终形成本研究报告。

## 二、枢纽工程设计评价

### (一) 枢纽工程规划评价

#### 1. 开发方式

（1）一级开发优于二级开发。一级开发方案规划的防洪、航运和发电功能易于实现，综合利用效益好，工程量和投资较省。防洪、发电、航运、水库淹没和泥沙淤积等方面综合权衡，选择一级开发、一次建成开发方案合适。

（2）"分期蓄水、连续移民"稳妥合适。初期水位156m，可为库区泥沙淤积测验和调度优化留有时间和空间的余地，也为检验枢纽建筑物工作性状创造条件，并降低移民工作的强度和难度。

评估结论：三峡工程开发方式论证充分，结论可信；顺利建设和初期运行实践证明，开发方式选择正确。

#### 2. 正常蓄水位选择

正常蓄水位175m方案有防洪库容221.5亿 $m^3$，可满足中下游防洪基本要求；调节库容 165 亿 m³，可协调电站调峰和航运的关系；电站装机容量大，发电效益显著；万吨级船队在汉渝直达通行保证率可达 62％。该方案可满足防洪、发电和航运三项任务的基本要求，综合效益较好。

评估结论：175m 方案综合效益好，能够满足防洪、发电和航运三项基本要求，技术经济指标优越，水库淹没影响与泥沙问题已基本清楚，库尾航道与港区出现的泥沙淤积问题，采取综合措施可以解决，选择正常蓄水位 175m 方案是合适的。

### 3. 坝址坝线选择

三斗坪坝址河谷开阔，适合泄洪、发电、航运等大型建筑物布置，施工导流和施工通航更为有利。坝址区基岩完整、力学强度高、透水性弱，建坝地质条件优越，可节省工程量，降低工程投资。

评估结论：工程建设和运行情况表明，三峡枢纽工程布置合理、各建筑物施工和运行干扰小。实践证明三峡的选址是正确的。

### 4. 工程规模

正常蓄水位 175m，防洪限制水位 145m，枯期最低消落水位 155m；相应于正常蓄水位的库容、防洪库容、兴利库容分别为 393.0 亿 m³、221.5 亿 m³、165.0 亿 m³。

（1）防洪。可对长江流域上游洪水进行调控，使荆江地区防洪标准达到 100 年一遇，遇到 1000 年一遇或类似 1870 年特大洪水时，还可控制枝城泄量不大于 80000m³/s，在启用分蓄洪区的情况下，可保证荆江河段行洪安全，防止南北两岸干堤溃决导致毁灭性灾害。

（2）发电。总装机容量 22500MW，设计多年平均年发电量 882 亿 kW·h，是世界上装机容量最大的水电站。供电华中、华东和广东，为实现全国联网创造条件；年节约 2700 万 t 标煤，减少温室气体排放，环境效益显著。

（3）航运。可使重庆至宜昌 660km 河段的航道等级从三级提升为一级；枯水期增大下泄流量，可改善下游河道通航条件。双线五级船闸单向设计年通过能力达到 5000 万 t，实现万吨级船队直接过坝。垂直升船机可使客轮和特殊船舶快速过坝。航运条件的改善对促进西南与华中、华东的物资交流和发展长江航运事业具有重要作用。

### 5. 人防问题

基于现代战争有征候可察，有可能预警放水，降低战时水库运用水位。下游河道允许泄量相对较大，战时按下游河道允许泄量下泄，降低水库水位所需时间较短，正常蓄水位降至各方案防洪限制水位的时间最多为 7 天。

评估结论：大坝为混凝土重力坝，具有较强的抵御常规武器攻击的能力。若受常规武器攻击至局部损坏，对下游无大的影响；若遭受核武器攻击，坝体溃决引起的灾害也是局部性的。有关报告关于三峡工程人防问题的结论是可信的。

### （二）枢纽布置评价

枢纽布置评估意见：主要建筑物型式和总体布置方案选择经过了长期、多方案研究比较和历次咨询、评审和审查，论证充分，结论可信。三大建筑物分开布置，可避免运行上的相互干扰，泄水建筑物布置满足泄洪要求，运行安全可靠；船闸建筑物布置于坛子岭以北的Ⅳ线。上、下游引航道具有良好的进出口条件，船队航行受泄洪的影响较小，可保证船闸的长期安全运行。

评估结论：主要建筑物型式和总体布置方案选择论证充分，方案合理。

### （三）枢纽主要建筑物设计评价

#### 1. 设计标准

枢纽主要建筑物设计标准满足国家规范要求。

#### 2. 大坝工程

大坝布置、结构设计满足枢纽防洪、发电要求，可解决排沙和排漂问题。大坝整体稳定安全性、结构强度、应力变形及渗流控制均满足规范要求。

#### 3. 左右岸坝后电站

左右岸坝后电站厂房的布置格局、结构型式和结构设计合理。厂房整体抗滑稳定安全裕度大，具有较好的抗震性。

#### 4. 双线五级船闸

船闸布置合理，结构设计可靠，高边坡安全支护满足规范要求，船闸水力条件满足安全通航要求。

#### 5. 右岸地下电站

右岸地下电站所处的白岩尖山体单薄，但工程地质条件较好。经对围岩采取锚固和排水处理后，洞室稳定条件得到进一步改善。电站建筑物布置适应地形地质条件，满足工程安全运行要求。

## 三、枢纽工程建设评价

### （一）工程建设管理

三峡工程的建设管理规范，质量管理体系健全，制定了严格的质量控制标准和具体措施，执行情况良好。

**（二）工程建设工期**

三峡工程的实际建设工期，比论证及可行性研究报告提前 2 年，比国家批准的初步设计报告提前 1 年。

**（三）工程施工质量**

**1. 开挖及基础处理工程**

主体工程建筑物基础开挖轮廓尺寸、建基面高程及平整度等开挖质量均满足设计要求。

灌浆后基础岩体声波波速均已达到和高于 5000m/s 的设计要求。

**2. 渗控工程**

基础排水孔施工的孔深、孔斜和基岩透水率均符合设计要求。

**3. 混凝土工程**

（1）原材料及混凝土拌和物。混凝土原材料的采购和使用有严格、完善的管理制度和质量保证体系，各种材料的性能指标均符合《三峡工程标准》（高于国家标准）和设计要求。

混凝土的全面性能指标均符合《三峡工程标准》（高于国家标准）和设计要求。

（2）温控防裂。三峡工程混凝土首次成功研发并应用了骨料二次风冷技术，主体工程在 4—11 月浇筑的大体积混凝土，均采用制冷混凝土、混凝土表面保温和保湿措施。

左岸二期厂坝大体积混凝土在 2002 年年初遭遇寒潮冲击，由于坝体结构复杂及坝面保温、孔口因孔内施工致使封闭措施欠缺等原因，泄洪坝段上游面混凝土出现了 40 多条表浅层温度裂缝，厂房坝段上游面混凝土也出现了 20 多条温度裂缝，随后即对温度裂缝进行了严格处理。监测成果表明，裂缝处理效果良好，满足相关规范和设计要求。此后二期厂坝工程和三期右岸厂坝工程未再发现温度裂缝。

（3）密实性检查。大坝的混凝土密实性质量较好，质量检查孔的各项指标满足设计要求。

（4）接缝灌浆。大坝的接缝灌浆施工质量满足设计要求。

接缝灌浆施工的主要问题是泄洪坝段纵缝灌浆后再张开。经仿真计算、钻孔检查和实测资料综合分析，纵缝灌浆后局部增开的原因和变化趋势已明确，可不进行处理。

（5）导流底孔封堵。导流底孔封堵工程质量优良。

## （四）对建设过程中出现的重大技术专题的评估意见

### 1. 泄洪坝段上游面裂缝

对泄洪坝段上游面出现的温度裂缝，采用"化学灌浆＋凿槽嵌填止水材料＋粘贴氯丁橡胶片＋SR 防渗盖片"的综合处理方案。实测成果表明，裂缝处理后的实测开度非常小，基本在观测误差范围内。泄洪坝段上游面裂缝深度小于 3m，综合处理措施稳妥可靠，经多年监测和检查，裂缝始终处于稳定状态，未向坝内发展。大坝蓄水至 175m 水位后，水压和温度等边界条件更加有利于裂缝稳定，不会影响大坝安全运行。

评估结论：泄洪坝段上游面裂缝情况清楚，处理方案稳妥可靠，裂缝处于稳定状态，在 175m 水位下大坝可安全运行。

### 2. 泄洪坝段纵缝局部增开

仿真分析认为，纵缝局部增开主要受气温影响，开度随气温周期性变化。钻孔检查和孔内电视录像显示，键槽斜面已闭合。蓄水 135m 水位以后，测缝计测值年内无变化，上下游坝块实际上已接触，斜面已闭合，键槽起到传力作用。监测资料显示，试验性蓄水对大坝纵缝开度的变化规律和量值没有明显影响，低高程缝面开度测值已无变化，上部近坝面一定范围内纵缝开度呈年度周期性变化，夏季张开、冬季闭合，数值略有减小趋势。

评估结论：仿真分析、钻孔检查和实测资料综合分析表明，纵缝灌浆后局部增开的原因和变化趋势已明确，纵缝大部分缝面处于闭合状态，上、下游坝块已由键槽起到传力作用，纵缝在灌浆后增开不影响大坝的正常运行，可不进行处理。

### 3. 左厂 1～5 号坝段深层抗滑稳定问题

左厂 1～5 号坝段位于左岸临江缓坡部位，缓倾角结构面相对发育。大坝建基高程 90m，下游最低建基高程 22.2m，致使岸坡厂房坝段基岩下游面临空，形成坡度约 54°、临时坡高 67.8m、永久坡高 39m 的高陡边坡，存在深层抗滑稳定问题。采用材料力学方法计算，各坝段抗滑稳定安全系数均在 3.0 以上；极端滑移模式下，在 2.3～2.5 之间，有一定裕度。三维有限元计算和地质力学模型试验也得出相同的结论。采取的措施包括：对厂房与大坝建基面进行接触灌浆；适当降低大坝建基面高程，在坝踵处设齿槽；坝踵前伸及帷幕排水前移，以充分利用坝前水重；基础设置封闭抽排系统，建基岩体内布设排水洞；从下游坡面设置预应力锚索；坝段间横缝设置键槽并灌浆；对临空的高陡边坡加强锚固支护及固结灌浆；在坝体内预留纵、横向廊道，必要时可进行加固处理。监测资料表明，基础部位向下游水平位移在 4.58mm 以内，且呈收敛趋势。基础处沉降量为 16.1～18.0mm，与其他坝段沉降量及变化规律一致；坝坡接触灌浆缝面紧密，坝基加固锚索测值稳定，厂坝联合受力是有保证的。

评估结论：左厂 1～5 号坝段大坝及基础的变形、渗流均在设计允许及安全范围内，未见危害工程安全的异常测值，大坝基础是稳定和安全的。

## 四、枢纽工程运行评价

### （一）175m 水位试验性蓄水运行情况

枢纽工程自 175m 水位试验性蓄水以来，迄今共经历了 5 个汛期，连续 4 年达到 175m 正常蓄水位，并经受了 2010 年 7 月和 2012 年 7 月最大入库洪峰流量 70000m³/s 和 71200m³/s 的考验，大坝、坝后电站、右岸地下厂房、船闸、茅坪溪防护坝、电源电站等各建筑物工作性态正常，运行状况良好。

### （二）枢纽建筑物监测资料分析

枢纽各建筑物和基础的变形、应力以及渗流等各项测值均在设计允许范围内，处于安全稳定运行状态。大坝变形符合一般规律，应力变化趋势正常，坝基扬压力低于设计值，坝基渗流量较小且呈逐年递减趋势，坝后电站、船闸、地下厂房、茅坪溪防护工程、电源电站等建筑物的变形、应力及渗流状态稳定，枢纽各建筑物工作性态正常，运行状况良好。

## 五、主要经验

三峡枢纽工程建设期间在科学管理和科技创新方面取得了很多成功经验。从规划、设计到建设施工，全过程实行科学民主决策程序。

### （一）管理经验

在管理体制方面，按政企分开的原则，成立了国务院三峡工程建设委员会和三峡工程稽察组，代表政府对三峡工程建设进行重大问题决策和统一协调与监督；按市场经济的法则，采用国际通行的项目法人责任制、招标投标制、工程监理制和合同管理制，三峡集团公司作为独立法人组织工程实施。

在质量管理方面，建立了"承包商自检""监理旁站""项目部质检"和"总监独立检查"的四级质量管理体系，制定了严格的质量控制标准。成立了独立于项目法人之外的、由权威专家组成的质量检查专家组，代表国务院三峡建委对工程质量进行认真细致的检查，并提出前瞻性的指导意见。实践证明，对于三峡这样的特大型工程，建立一个权威的质量检查专家组对工程质量进行全面检查和监督十分必要，专家组的工作卓有成效。

### （二）科技创新

三峡工程充分发挥全国高校和科研单位的整体优势，围绕工程建设的重大技术问题进行协同攻关，为工程顺利建设提供科技支撑，主要成果如下：

**1. 高水头、大泄量泄洪消能技术**

设计流量 $98800 \mathrm{m}^3/\mathrm{s}$，校核流量 $124300 \mathrm{m}^3/\mathrm{s}$，泄洪规模巨大。泄洪坝段设置 22 个表孔、23 个深孔作为泄水建筑物；22 个底孔用于三期导流。坝体开孔率超过 30％，在孔口体型、泄洪消能、结构设计等方面创新成果显著。

**2. 双线五级衬砌式船闸**

成功解决了近百米高边坡岩体直立墙深槽开挖和变形控制；首次采用混凝土和围岩联合受力结构，节约了大量的混凝土；解决了高水头船闸输水水力学中的空蚀、消能、流固耦合分析等技术难题。

**3. 超高水深、大流量截流技术**

截流水深为 $60 \mathrm{m}$，截流设计流量为 $14000 \sim 19400 \mathrm{m}^3/\mathrm{s}$。创造了昼夜连续安全填筑 $19.4$ 万 $\mathrm{m}^3/\mathrm{d}$ 的截流施工世界纪录。

**4. 大体积混凝土高强度优质施工技术**

大坝混凝土体积达 $1600$ 万 $\mathrm{m}^3$，在国内首次采用集水平和垂直运输于一体的塔带机连续浇筑混凝土的施工技术，实现了混凝土工厂化施工。研发了混凝土生产运输浇筑计算机综合监控系统，实现了混凝土施工优化调度。1999—2001 年连续 3 年浇筑量均在 $400$ 万 $\mathrm{m}^3$ 以上，创造了混凝土年浇筑强度 $548$ 万 $\mathrm{m}^3$ 的世界纪录，提前 1 年又好又快地建成大坝。

**5. 混凝土温控防裂技术**

选择优质原材料，优化混凝土配合比，采用二次骨料风冷技术生产低温混凝土和控制浇筑温度，并实行个性化通水冷却、表面保温和流水养护等成套温控技术。大坝每万立方米混凝土温度裂缝小于 0.1 条，右岸大坝未发现温度裂缝，居世界领先水平。

## 六、结论及建议

### (一) 结论

从枢纽工程设计、建设管理、施工质量、运行监测等方面，经综合评估认为，三峡工程枢纽建筑物布置合理，结构设计安全可靠，科技创新成果显著，工程建设顺利，工程质量优良，工期提前 1 年。工程已历经水库正常蓄水位 175m 和最大入库洪峰流量 71200m³/s 的考验，枢纽建筑物及基础的变形、应力以及渗流等各项测值均在设计允许范围内，建筑物运行性态正常。汛期控制下泄流量 45000m³/s 以下，防洪效益显著。2003—2013 年三峡电站累计发电 7119.69 亿 kW·h；船闸累计货运量 6.44 亿 t，提前实现初步设计关于 2030 年单向通过 5000 万 t 的指标；蓄水以来向下游补水 904 亿 m³，枯水期增加下泄流量 2000m³/s 左右。综合效益显著。

三峡工程论证及可行性研究阶段确定的开发方式科学，正常蓄水位选择合理，坝址选择正确，工程规模合适，人防论证结论可信。

### (二) 建议

(1) 2008 年"5·12"汶川地震后，中国地震局局部修订了的地震动参数区划图，但三峡地区的地震动参数未作改动，原论证结论仍然适用。然而，考虑到三峡工程规模宏大，建议中国地震局对三峡坝区的地震危险性作进一步复核，补充三峡工程防震抗震设计专题工作，并完善地震应急预案。

(2) 继续加强枢纽建筑物的监测和分析工作，不断提高安全监测自动化水平，为保障工程安全和优化水库调度提供支撑。

## 主 要 参 考 文 献

[1] 长江勘测规划设计研究有限责任公司. 长江三峡水利枢纽安全监测设计及监测资料分析 [R]，2014.

[2] 中国长江三峡集团有限公司安全监测中心. 枢纽建筑物安全监测成果 [R]，2014.

[3] 中国工程院三峡工程阶段性评估项目组. 三峡工程阶段性评估报告 综合卷 [M]. 北京：中国水利水电出版社，2010.

[4] 中国工程院三峡工程试验性蓄水阶段评估项目组. 三峡工程试验性蓄水阶段性评估报告 [M]. 北京：中国水利水电出版社，2014.

附件：

# 课题组成员名单

## 专 家 组

组　长：马洪琪　华能澜沧江水电股份有限公司高级顾问，中国工程院院士

副组长：罗绍基　广东抽水蓄能发电有限公司顾问，中国工程院院士

　　　　郑守仁　水利部长江水利委员会总工程师，中国工程院院士

成　员：周建平　中国电力建设集团有限公司总工程师，教授级高级工程师

　　　　石瑞芳　中国电建集团西北勘测设计研究院，全国工程勘察设计大师

　　　　王柏乐　中国水电工程顾问集团有限公司，全国工程勘察设计大师

　　　　张宗亮　中国电建集团昆明勘测设计研究院，全国工程勘察设计大师

　　　　罗承管　国务院三峡工程建设委员会办公室，教授级高级工程师

　　　　刘　颖　中国水利水电第九工程局，教授级高级工程师

　　　　吕明治　中国电建集团北京勘测设计研究院，教授级高级工程师

　　　　谭志伟　中国电建集团昆明勘测设计研究院，教授级高级工程师

## 工 作 组

　　　　曹征齐　中国水利学会原秘书长，教授级高级工程师

　　　　杜效鹄　水电水利规划设计总院高级工程师

　　　　龚国文　水利部长江水利委员会高级工程师

　　　　肖　楠　华能澜沧江水电股份有限公司工程师

　　　　黎昌杰　中国南方电网有限责任公司调峰调频发电公司工程师

# 报 告 八

# 航运评估课题简要报告

## 一、评估工作的背景与依据

1994 年 12 月 14 日，三峡工程正式开工建设。三峡工程于 2008 年开始实施试验性蓄水，并于 2010—2013 年连续 4 年实现正常蓄水位 175m 蓄水目标，开始全面发挥防洪、发电、航运等巨大综合效益。

针对三峡工程涉及航运的各个方面，课题组通过收集资料、现场调研、总结分析，分别完成了"三峡船闸运行情况和评估""三峡工程运行和长江航运发展的十年实践和评估""长江上游航运发展评估""三峡工程对下游湖北段航运发展的影响和评估""三峡通航需求分析与中长期预测""三峡船闸货运量和通过能力分析"和"三峡水利枢纽货运过坝新通道研究"7 项专题研究。

课题组在总结上述专题研究成果的基础上，结合《三峡工程阶段性评估报告 综合卷》《三峡工程试验性蓄水阶段评估报告》的有关内容，汇总完成了《航运评估课题组报告》。

## 二、评估具体内容与结论

### （一）三峡枢纽工程船闸建设评估

三峡枢纽 10 年来的运行实践表明：枢纽建设对长江航运的发展非常有利；在枢纽布置中，通航建筑物的位置选择恰当；船闸选择连续五级布置型式合理；船闸上、下游引航道平面尺度和通航水流条件满足船舶航行要求，有利于船舶航行和过闸；通航建筑物规模和尺度的确定，符合当时的国情和长江航运发展的现实；在枢纽施工期，采用导流明渠通航、修建临时船闸和翻坝设施等措施，较好地解决了施工期通航问题；三峡工程建设极大地促进了长江航运发展。

三峡船闸是我国在船闸设计和建设方面取得的一项突出成就，也是对世界

156

船闸工程建设技术进步的重大贡献。三峡船闸设计和建设取得了多项重大技术创新，包括复杂工程条件下的船闸总体设计技术、高水头梯级船闸输水技术、高边坡稳定及变形控制技术、全衬砌式船闸结构技术、超大型人字门及其启闭设备技术、船闸运行监控技术、船闸原型调试技术以及运行后的提高通过能力创新技术等。三峡船闸的设计、科研和建设，将世界船闸技术推向了新的水平。

### （二）三峡船闸运行情况及评估

#### 1. 三峡船闸

三峡船闸自 2003 年 6 月 18 日投入试运行以来，在 135m 水位围堰发电期、156m 水位初期运行期、175m 水位试验性蓄水期等各个运行阶段，经历了包括单向运行、换向运行、四级不补水及补水运行、五级不补水及补水运行、船闸检修等各种工况的检验。三峡船闸运行十多年来，船闸设备设施持续保持了安全、高效、稳定的运行状态，各项运行指标已达到或超过设计参数。

三峡船闸通航以来，为适应逐年攀升的船舶过坝需求，相关部门在政策、建设、科研、管理等全方位采取措施，挖掘船闸通过能力，提高通航效率，并取得了明显成效。政策方面，通过限制小吨位船舶过闸、加快推进船型标准化和制定新的过闸船舶吃水控制标准，引导船舶向大型化、专业化和标准化发展；建设方面，加大通航配套基础设施建设投入，投资建设了包括三峡枢纽坝区通航调度及锚地工程等在内的 13 个项目，构成了较为完整的通航调度及锚地设施和管理系统，同时大力推进三峡通航管理信息化建设，建立了长江三峡水上 GPS 综合应用系统、通航调度系统、船舶监管 VTS 系统、数字航道管理系统、协同办公系统和政务网站等，并通过数据中心的建设，实现了各系统的数据互通，可为过闸船舶提供远程申报、调度计划推送和通航信息服务，并具有安全监控、过闸指挥以及应急搜救等功能；科研方面，通过科学研究，论证并实施了新的过闸船舶吃水控制应用标准、156m 水位四级运行方式运行、四级运行时一闸室待闸、增设靠船设施并实行导航墙待闸、创新同步进闸同步移泊方式等；管理方面，不断强化管理，建立了三峡—葛洲坝两坝船闸匹配运行的调度组织模式、停航检修期通航组织及保障等措施。通过政策引导、配套设施建设、科技创新和管理创新，充分发挥综合管理优势，强化通航组织和安全监管，确保了坝区航运安全畅通，日均运行闸次明显提高，过闸船舶载重吨位大幅增长，船闸通航率持续保持较高水平。

截至 2013 年，三峡船闸已累计运行 9.46 万闸次，通过船舶 59.46 万艘次，通过旅客 1034 万人次，过闸货运量 6.44 亿 t。货运量逐年持续增长，

2011 年船闸货运量已突破 1 亿 t（其中上行 5534 万 t）。近 3 年来，三峡船闸单向过闸货运量均超过 5000 万 t，2013 年已突破 6000 万 t（上行），提前 19 年实现了三峡工程的航运规划目标。但随着过坝运量的增长，船舶过闸运输的供需矛盾也在逐步显现，船舶在锚地待闸时间总体呈现延长趋势，船闸通航压力日益增加。

三峡船闸货物流向变化明显，初期下行货物量远大于上行，逐步变化到近期上行货物量远大于下行。过闸船舶大型化趋势明显，一次过闸船舶艘次数从 2003 年的 7.95 艘次降低到 2013 年的 4.24 艘次，货船平均载重吨位从 2003 年的 1040t 增长到 2013 年的 3759t，一次过闸平均吨位从 2003 年的 8269t 增长到 2013 年的 15938t。过闸船舶中 3000t 级以上船舶过闸艘次占比已由 2004 年的 2.37% 上升到 2013 年的 56.18%，其中 5000t 级以上船舶过闸艘次所占的比例，2013 年已达 30.18%。

三峡船闸过闸货物以煤炭、矿石、矿建材料、钢材、石油等大宗物资和集装箱为主，占比在 80% 以上。运行前期，煤炭运量居主导地位，近年来煤炭运量所占比例下降明显，2013 年仅占 12.35%。矿建材料和矿石运量增长迅速，从 2004—2013 年分别增长了 15.22 倍和 6.94 倍，2013 年分别占过闸总运量的 26.39% 和 20.65%。钢材、集装箱运输快速增长，从 2004 年到 2013 年分别增长了 4.99 倍和 4.46 倍。危险品运量增加较快，2009 年为 3798 艘次、448 万 t，2013 年达到了 5345 艘次、762 万 t。过闸客船艘次数呈下降趋势，客运量向旅游客运方向集中。

为解决三峡船闸检修、突发故障、过闸高峰等因素导致的船舶积压问题，相关部门组织了短线客船旅客、滚装汽车的翻坝转运工作，有效地缓解了船舶积压局面。翻坝货运量年均大约在 1000 万 t。

### 2. 枢纽航道

三峡船闸航道上起太平溪，下至鹰子嘴，全长 12.4km。

三峡水库 175m 水位试验性蓄水以后，上游引航道口门区水流流态平稳，表面流速约为 0.5m/s。下游引航道口门区在三峡大坝下泄流量大于 20000m³/s 时，口门区 530m 范围内存在回流或缓流；随着流量增大，口门区水流流速也增大。

随着三峡大坝上游水库蓄水位的提高，上游来沙绝大部分淤积在上游引航道外河道深水区域，上游引航道内泥沙呈累积性淤积，但淤积增加的幅度较小，一般高程在 132m 左右。

下游引航道受枢纽布置方式、枢纽调度运行方式及水沙条件变化等影响，河床演变较为明显，其基本规律是六闸首至分汊口泥沙淤积较弱；分汊口至下引航道口门淤积呈楔形分布，下游淤积厚度大于上游，航道中间区域淤积厚度大于航道两侧；口门区淤积也较为明显，并形成了拦门沙坎，经疏浚施工后没有影响通航。下游引航道连接段航道，河床冲淤变化幅度较小。

三峡船闸坝区航道通航条件与设计论证结论基本相同。

### 3. 两坝间航道

三峡水利枢纽—葛洲坝水利枢纽两坝间航道长约 38km。

三峡枢纽运行后，汛期电站调峰期间水位和流量的变化对航道条件，尤其是三峡工程坝下近坝河段的通航水流条件，在纵向和横向同时存在较大的影响。电站调峰对船舶的影响主要表现在流量增加的过程中，河道内存在附加比降，增加了船舶航行的难度。目前施行的电站调峰流量变化控制标准是：枢纽下游水位小时变幅不大于 1m，水位日变幅不大于 3m。运行实践表明，对流量的变化应有更细致的控制标准，这需要通过系统研究才能得出。

### 4. 待闸锚地

三峡工程二期施工期（三峡大江截流至三峡船闸通航），三峡坝区上下游共设置庙河、仙人桥（又名沙湾）、伍厢庙、青鱼背、乐天溪 5 座锚地。三峡船闸投入运行后，长江庙河—中水门 59km 干线河段共设置 7 座锚地，其中三峡坝上有庙河、杉木溪、兰陵溪、沙湾、仙人桥 5 座锚地，两坝间有乐天溪和小平善坝 2 座锚地，其设备设施类型有锚泊趸船、直立式靠船墩和系船桩等。锚地主要功能包括：为过闸船舶提供待闸集泊服务，在恶劣通航条件下为船舶提供应急停泊服务，为船队编解队提供作业水域，满足其他在锚地临时集泊的需要。

三峡船闸在施工通航期、试通航期、完建期、两坝船闸停航检修期以及因大风、大雾、洪峰等情况停航期间，船舶大量积压时，待闸锚地充分发挥了缓冲功能，实践证明锚地对于三峡船闸的安全运行发挥了重要作用。

### （三）通航条件改善评估

### 1. 长江上游航道

在三峡水库不同的蓄水期，对长江航道的改善程度不同。三峡水库蓄水至 175m 水位后，水库回水上延至江津红花碛（长江上游航道里程 720.0km 处），库区长度约为 673.5km，其中江津红花碛至涪陵段为变动回水区，长 184.0km；涪陵至三峡大坝段为常年回水区，长 489.5km。重庆至宜昌全面实现昼夜航行。在三峡工程 175m 水位试验性蓄水期，一年中有半年以上时间，重庆朝天门至三峡大坝河段具备行驶万吨级船队和 5000t 级单船的航道尺度和通航水流条件。

（1）变动回水区。三峡水库变动回水区航道随着三峡坝前水位和入库流量的变化，不同江段、不同时期有不同程度的改善。航道尺度得到提高，航行水流条件得到改善。变动回水区河段仅设置单向航行控制河段 9 处、航道信号台 18 个，控制河段总长度 17.3km，全年只在部分时段控制单向航行。总体上看，现阶段变动回水区航道总体改善的现实和发生碍航的河段与原论证结论基本一致，通过原型观测、分析预测、制订预案和实施疏浚等措施基本可以保障航道的畅通。今后应进一步加强观测和研究，采取工程措施，不断改善航道条件。

（2）常年回水区。三峡水库试验性蓄水后，常年回水区河段航道维护尺度得到显著提升，航道条件大幅度改善，单行控制河段、航道信号台和绞滩站全部取消。在部分时段、局部区段仍存在礁石碍航和细沙累积性淤积碍航现象。

（3）库区支流。三峡工程蓄水后，由于水库水位的大幅抬升，原有 5 条通航支流通航里程延伸，航道尺度增大，水流条件变好，使部分原不通航的溪沟、支流具备通航条件。众多支流航道实现了干支连通，促进了地方经济建设和社会发展。在 175m 水位试验性蓄水期，嘉陵江口位于三峡水库变动回水区内，三峡水位较高时，嘉陵江下游部分江段航道条件改善较大。乌江口位于三峡水库常年回水区内，乌江下游部分江段航道条件改善很大。

### 2. 长江中游航道

三峡水库蓄水运行后，坝下河段来沙减少，总体表现为长距离、长时段的河床冲刷，对葛洲坝以下长江中游航道条件的影响深远且有利有弊。水库下泄枯水流量的明显加大，加之正逐步实施的长江中游航道整治与护岸等工程，坝下河段总体河势保持了基本稳定且可控，航道条件也整体向好的方向发展，并已得到明显改善。但是局部河段调整仍将具有不确定性，尤其是近坝芦家河航段仍是航运发展的主要障碍。设计论证阶段对葛洲坝以下航道条件的预测是基本正确的，今后应继续加强观测、分析和研究，以趋利避害。三峡水库 175m 水位蓄水后，汛后退水过程的加快给长江中游航道带来影响，应积极探索解决的办法。

### 3. 重庆港

三峡工程蓄水成库后，重庆航运得到快速发展，建成了主城果园、主城寸滩、万州江南、涪陵黄旗等为代表的一批大型化、专业化、机械化码头，码头装卸效率较成库前提高了 3～5 倍。到 2013 年年底，重庆港口货物吞吐能力达到 1.56 亿 t，集装箱吞吐能力达到 350 万 TEU（国际标准箱）。其中：规模化集装箱码头 14 个，年吞吐能力达到 350 万 TEU；规模化干散货码头 15 个，年吞吐能力达到 1.1 亿 t；规模化危化品码头 13 个，年吞吐能力达到 720 万 t；规模化滚装码头 10 个，汽车年吞吐能力达到 150 万辆。2013 年重庆港完成货物吞吐量 1.37 亿 t，其中集装箱吞吐量达 90.58 万 TEU（国际标准箱），成为西部地区重要的枢纽港。

蓄水 11 年来，重庆主城九龙坡、朝天门港区以及涪陵、万州港区均出现一定程度的淤积，但未出现因泥沙淤积而影响港口正常运行的情况。三峡成库后，泥沙淤积对重庆港口的影响，还需要相当长时间的原型观测，进一步加强分析研究。

### （四）三峡工程的航运效益

三峡工程蓄水后，水路货运量大幅增长，三峡过坝货运量和重庆市港口吞吐量增长迅速，促进了沿江经济社会发展。

随着航道条件改善，船舶大型化、专业化、标准化进程明显加快，集装箱、化危品、载货汽车滚装、商品汽车滚装、三峡豪华邮轮等新型运输方式快速发展，船舶载运能力明显增大，营运效率有所提高。2013 年重庆市货运船舶总运力达到 590 万 DWT（载重吨），货运船舶平均吨位达到 2460t/艘，分别为成库前的 6.5 倍和 6 倍。初步统计，库区船舶单位千瓦拖带能力由成库前的 1.5t，提高到目前的 4～5t；库区船舶平均油耗由 2002 年的 7.6kg/(kt·km)，下降到 2013 年的 2.0kg/(kt·km) 左右。蓄水以来，由于船舶单位能耗下降，运输船舶空气污染物的单位排放量明显减少；每千载重吨平均船员配备从 2002 年的 8～10 人，下降到 2013 年的 2～3 人，劳动生产率大大提高；干散货水运平均运价从 2002 年的 0.045 元/(t·km)，下降到 2013 年的 0.025 元/(t·km)，大大降低了水运物流成本，更加吸引了大宗货物到水路运输。2013 年重庆市水运量达到 1.44 亿 t，水路货物周转量达到 1983 亿 t·km，分别为成库前（2002 年）的 7.6 倍和 13.8 倍。

在航道条件改善的同时，交通主管部门实施了船舶定线制，并加强了水上交通安全监管，三峡库区的船舶运输安全性显著提高。三峡工程蓄水后（2003 年 6 月—2013 年 12 月）与蓄水前（1999 年 1 月—2003 年 5 月）相比，库区年均事故件数、死亡人数、沉船数和直接经济损失分别下降了 72%、81%、65%、20%。

总之，三峡工程蓄水后，库区航运条件显著改善，长江上游通航能力大幅提高，内河航运运量大、能耗小、污染轻、成本低的比较优势得到较好的发挥，航运效益实现并超过了三峡工程初步设计规划的预期。

此外，由于三峡工程的建设降低了沿江地区的综合物流成本，加快了长江中上游综合交通体系结构调整，吸引了产业加快向长江沿江地带集聚，拉动了沿江经济社会可持续发展，减轻了长江沿江地区的空气污染，经济和社会效益巨大。

## 三、对今后工作的建议

三峡工程促进了长江航运的发展，在国家实施长江经济带发展战略和三峡库区及葛洲坝以下航道条件得到明显改善的情况下，水运需求必将持续增长。综合近期不同研究机构的预测成果，三峡过坝运量在 2020 年、2030 年可能将分别达到 1.6 亿～1.8 亿 t、2.0 亿～2.5 亿 t。由于长江经济带等发展战略正在制定当中，过闸货运发展存在较大的不确定性，建议下一阶段进一步深入研究，广泛探讨，凝聚共识。

中交水运规划设计院有限公司采用计算机仿真模拟技术对三峡船闸的通过能力进行了分析，研究表明：随着船舶大型化、标准化的不断发展，当大型船舶（5000t 级标准化船型）占比约 50% 时，同时限制客船通过三峡船闸，货运量较大一侧的船舶装载系数为 0.75 时，三峡船闸合理的单向通过能力可能达到 7500 万 t 左右。

根据三峡过坝运量需求，今后几年三峡船闸将难以满足航运发展的需求。为充分发挥长江黄金水道作用，需要尽快实施提高黄金水道通航能力的相关工作，必须同时开展挖掘既有船闸潜力、建立综合立体交通走廊、加快三峡枢纽水运新通道和葛洲坝枢纽船闸扩能工程前期研究三方面工作，从而提高三峡枢纽、葛洲坝船闸和两坝间航道在内的航运系统的通过能力。此外，还应建立长江上游水库群调度协调机制，完善三峡枢纽运行高层协调机制，统筹考虑防洪、航运、发电等各方面的需求，实现水资源多目标开发和协调发展。

主 要 参 考 文 献

［1］ 长江航道规划设计研究院，武汉大学. 三峡工程试验性蓄水以来（2008—2013）长江中游航道泥沙原型观测总结分析［R］，2014.

［2］ 长江航道规划设计研究院，等. 长江三峡工程航道泥沙原型观测年度分析报告［R］，2003—2013（各年度）.

［3］ 长江航道局. 长江干线航道养护管理基础资料汇编［G］，2004—2013.

［4］ 交通运输部长江航务管理局. 长江航运发展报告［M］. 北京：人民交通出版社，2009—2013.

［5］　长江勘测规划设计研究有限责任公司. 三峡枢纽水运新通道和葛洲坝船闸扩能前期研究报告［R］，2014.

［6］　长江水利委员会长江勘测规划设计研究院. 三峡工程二期施工通航专题报告［R］，1997.

［7］　重庆航运交易所. 重庆航运发展报告［M］. 重庆：重庆出版社，2010—2013.

［8］　重庆统计局，国家统计局重庆调查总队. 重庆统计年鉴［M］. 北京：中国统计出版社，1997—2014.

［9］　重庆市统计局. 重庆统计历史资料（1949—1996）［R］，1998.

［10］ 梁应辰. 长江三峡、葛洲坝水利枢纽通航建筑物总体布置研究［M］. 北京：人民交通出版社，2003.

［11］ 钮新强，童迪. 三峡船闸关键技术研究［J］. 水力发电学报，2009，28（6）：36－42.

［12］ 三峡论证领导小组办公室. 三峡工程专题论证报告［R］，1988.

［13］ 水利部长江水利委员会. 长江三峡水利枢纽可行性研究报告［R］，1989.

［14］ 水利部长江水利委员会. 长江三峡水利枢纽施工期通航方案设计简要报告［R］，1997.

［15］ 水利部长江水利委员会. 长江三峡水利枢纽初步设计报告（枢纽工程）［R］，1992.

［16］ 长江水利委员会. 三峡工程永久通航建筑物研究［M］. 武汉：湖北科学技术出版社，1997.

［17］ 中国工程院三峡工程阶段性评估项目组. 三峡工程阶段性评估报告　综合卷［M］. 北京：中国水利水电出版社，2010.

［18］ 中国工程院三峡工程试验性蓄水阶段评估项目组. 三峡工程试验性蓄水阶段评估报告［M］. 北京：中国水利水电出版社，2014.

［19］ 中华人民共和国交通运输部. 中国水运建设60年——建设技术卷［M］. 北京：人民交通出版社，2011.

**附件：**

# 课题组成员名单

## 专　家　组

组　长：梁应辰　交通运输部技术顾问，中国工程院院士

副组长：王光纶　清华大学教授

　　　　吴　澎　中交水运规划设计院有限公司总工程师兼副总经理，全国工程勘察设计大师，教授级高级工程师

成　员：蒋　千　交通运输部原总工程师，教授级高级工程师

宋维邦　长江勘测规划设计研究院教授级高级工程师

何升平　重庆市交通委员会原副主任，重庆市政府参事，高级工程师

姚育胜　长江航务管理局原副总工程师，高级工程师

覃祥孝　长江三峡通航管理局教授级高级工程师

龚国祥　湖北省交通规划设计院副总工程师，教授级高级工程师

程国强　国务院发展研究中心学术委员会秘书长，研究员

<h2 style="text-align:center">工　作　组</h2>

组　长：曹凤帅　中交水运规划设计院有限公司高级工程师

　　　　刘　樱　中交水运规划设计院有限公司高级工程师

成　员：商剑平　中交水运规划设计院有限公司高级工程师

　　　　汤建宏　中交水运规划设计院有限公司高级工程师

　　　　刘晓玲　中交水运规划设计院有限公司工程师

　　　　闫蜜果　中国长江三峡集团有限公司高级工程师

　　　　葛长华　清华大学副教授

　　　　诸慎友　清华大学副教授

# 报 告 九

# 电力系统评估课题简要报告

## 一、评估工作的背景与依据

受国务院三峡工程建设委员会委托（国三峡委函办字〔2013〕1 号、国三峡委发办字〔2014〕3 号），中国工程院承担了三峡工程建设第三方独立评估工作，并根据不同专业设立了 12 个课题。本课题分别设立了专家组和工作组，专家组由周孝信为组长，周小谦、郭剑波为副组长；工作组由孙华东为组长、赵彪为副组长。专家组、工作组成员分别来自电力科研、规划、建设、运行单位和高校，具有广泛的代表性。

在报告编写过程中，课题组召开了多次工作组会议及专家研讨会，并以邮件调函征询专家意见；参考历次论证、评估、工程验收材料以及有关出版物，并结合调研及运行数据，力求评估工作尊重历史、实事求是，系统科学、重点突出，独立开展、客观公正。

本课题评估的"三峡工程电力系统"，包括三峡电站、三峡输变电工程及三峡电力系统。

三峡电站共安装 32 台单机容量 700MW 和 2 台单机容量 50MW 的混流式水轮发电机组，总装机容量 22500MW，是当今世界上装机容量最大的水电站。电站由左岸电站、右岸电站、地下电站以及电源电站组成。其中，左岸电站、右岸电站分别安装 14 台、12 台 700MW 水轮发电机组，首台机组于 2003 年 7 月投产，全部机组于 2008 年投产；地下电站安装 6 台 700MW 水轮发电机组，于 2012 年全部投产；电源电站安装 2 台具有黑启动功能的 50MW 水轮发电机组，于 2007 年投产。

三峡输变电工程包括直流工程 4 项，交流工程 94 项，以及包括相应的调度自动化类项目 19 子项和系统通信类项目 18 子项的二次系统项目。其中，4 项直流工程为三峡（龙泉站）—常州（政平站）（以下简称"三常"）、三峡

（宜都站）—上海（华新站）（以下简称"三沪"）、三峡（团林站）—上海（枫泾站）Ⅱ回（以下简称"三沪Ⅱ回"）、三峡（江陵站）—广东（鹅城站）（以下简称"三广"），500kV直流输电线路4913km（折合成单回路长度），换流容量24000MW；500kV交流输电线路7280km（折合成单回路长度），变电容量22750MVA。2007年三峡—荆州双回500kV线路的建成投运标志着三峡电力系统主体工程全部投产。2010年配合三峡地下电站机组发电外送，完成葛洲坝—上海（以下简称"葛沪"）直流增容改造工作，新增三沪Ⅱ回直流输电工程。

三峡电力系统以三峡电站为中心，向华中、华东、南方电网送电，供电区域覆盖湖北、湖南、河南、江西、安徽、江苏、上海、浙江、广东和重庆10省（直辖市）。

## 二、评估的内容和结论

按照第三方独立评估工作的要求，评估内容主要包括三峡电力系统规划设计评估、输变电建设评估、输变电科技创新和设备国产化评估以及电力系统运行评估4个部分。

### （一）电力系统规划设计评估

三峡电力系统规划设计历时20年深入论证，为三峡电力系统的成功投运和安全稳定运行奠定了坚实基础。电力系统规划设计评估涵盖规划论证及工程设计过程、电源规划方案、电能消纳方案、输电系统规划及设计方案4个方面。

#### 1. 规划论证及工程设计过程

三峡输电系统的规划论证及工程设计过程可分为3个阶段，即配合三峡工程可行性研究及工程立项开展的电力系统初步论证阶段、配合工程初步设计的三峡输电系统全面论证设计阶段和工程建设过程中的滚动设计调整阶段。

三峡电力系统规划论证遵循社会经济和电力长期发展规律，采用远近结合、电源与电网统一规划的方法，并根据系统内外部条件的变化及时进行调整和完善；研究过程中应用了先进的生产模拟、仿真计算、动模试验等技术手段和方法。在工程设计阶段，具体工程设计工作严格遵循系统规划方案，支持采用各种国产化先进技术，充分完整地实现了系统规划的各项目标。

三峡电力规划论证及工程设计工作系统、全面、科学，方案总体合理，满足了三峡电站发电机组投产过程中各阶段三峡电能全部送出及三峡电力系统安全运行的需求，是大型水电开发建设的成功范例。

#### 2. 电源规划方案

三峡电源规划方案论证采用常规方法和电源优化规划程序，针对长江流域电源开发时序和三峡电站替代电源开发方案，进行了充分的技术和经济性比较分析。结果表明，三峡电站具有容量大、发电量多、靠近负荷中心等优势，尽早开发三峡电站与其他替代方案相比，其总费用现值最低。三峡电站投运以来，运行状态良好，满足了受电地区经济发展的电力需求，效益显著，证明了建设三峡电站电源决策的正确性。

工程初步设计阶段将三峡水库正常蓄水位确定为 175m，并将机组单机容量由可研论证确定的 680MW 提高到 700MW，总装机容量由 17680MW 增加至 18200MW，设计多年平均年发电量相应由 840 亿 kW·h 增至 847 亿 kW·h。电力系统初步论证阶段提出三峡电站装机规模应充分留有扩建余地的建议，在其后的电站初步设计中提出建设地下电站，以实现利用长江汛期弃水发电、增加三峡枢纽发电量和调峰容量。地下电站全部投产后，三峡电站设计多年平均年发电量进一步增至 882 亿 kW·h。2010 年，三峡电站全年发电量为 843.70 亿 kW·h，接近设计多年平均年发电量；2012 年地下电站全部投产，三峡电站全年发电量为 981.07 亿 kW·h，超过设计多年平均年发电量。从实际运行来看，上述电源规划调整能更充分利用三峡水力资源，更好发挥三峡电站发电能力，进一步提高三峡工程的能源利用率。

### 3. 电能消纳方案

三峡电能消纳方案是以《印发国家计委关于三峡电站电能消纳方案的请示通知》（计基础〔2001〕2668 号）、《印发国家发展改革委关于三峡"十一五"期间三峡电能消纳方案的请示的通知》（发改能源〔2007〕546 号）为依据，结合实际来水情况制定。

可行性研究论证阶段充分考虑在负荷需求旺盛的情况下，华中地区煤炭资源缺乏、华东地区整体能源资源匮乏的状况，提出三峡电能在华中电网和华东电网消纳，以实现三峡工程供电、节煤、缓解交通压力和环保的多重目标；输电系统设计阶段受亚洲金融危机影响，原定的三峡部分受电地区电力需求增长减缓，为满足广东省负荷发展需要，适时将供电范围扩大到南方电网。电力系统运行实践证明，三峡电能消纳方案缓解了各受电区供电紧张的局面，支撑了当地经济发展，规划制定的消纳方案合适。

2003 年以来，三峡电站机组陆续投产发电。由于三峡工程建设速度加快，机组投产时间提前，水库蓄水位提高，三峡电站实际发电量大于三峡电能消纳方案中的发电量；三峡电能的竞争力强，落地电价较各省平均上网电价低 0.05～0.07 元/(kW·h)，在电力需求持续增长的形势下，各省市纷纷要求增购三峡新增电量。事实表明，三峡电能（包括新增电量）通过三峡输电系统全部消纳，消纳方案执行情况良好。

未来，三峡电能在各区受电比例将逐年降低。此外，由于长江上游水库的建成，三峡电站调节能力增强，发电质量更加优良。三峡电能在各受电区的消纳长期有保障，市场广阔。

### 4. 输电系统规划及设计方案

三峡输电系统规划方案明确了三峡电力的输电方向、输电方式及外送网架等框架体系，并通过具体工程设计工作予以充分完整实现。

三峡输电系统规划设计方案主要包括电站接入方案、近区交流电网方案及直流跨区外送方案3部分。三峡电站采用16回500kV交流出线，出线型号为 $4 \times 400 mm^2$ 及 $4 \times 500 mm^2$ 导线，单回线输送功率为2200～2800MW。通过500kV交流电网实现电能在华中电网内部消纳；通过三常、三沪、三沪Ⅱ回共3回直流跨区送电华东电网，通过1回三广直流跨区送电南方电网，设计电压等级均为 $\pm 500 kV$ ，单个直流工程设计输电容量为3000MW。三峡近区电网构成见图1。

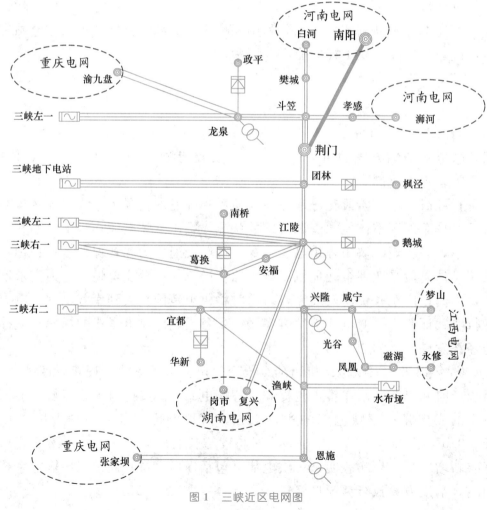

图1 三峡近区电网图

三峡交直流系统实际输电能力与设计能力相符，满足三峡电站全部机组满发的外送需求。近区采用 500kV 交流电网疏散电力，既与湖北省已有 220kV 电网良好衔接，又加快了华中 500kV 主网架发展，电压等级选择合理。采用直流跨区输电方案，并依据《电力系统安全稳定导则》（DL 755—2001）要求确定了与送受端电网规模相匹配的输电容量，单回直流容量小于受端电网容量的 10％（经验参考值），且采取多回直流分散接入受端电网，保障了交直流系统安全可靠运行，系统规划方案合理。

三峡输电系统各线路及断面潮流分布合理，仿真分析及动模试验论证表明，各个运行阶段、各种运行方式下系统均有较高的安全稳定裕度。实际运行情况与论证结论相符合，实现了三峡电力全部送出及消纳，保障了电站效益的发挥。事实证明，三峡输电系统结构合理，运行安全稳定。

三峡电站地处华中腹地，为实现全国联网创造了有利条件，提升了电网大范围资源优化配置能力。枯水期三峡直流尚有空余容量，具备接续输送西南水电或外来盈余电力的潜力；利用三峡直流的可调节容量，还可提高华东、广东受电地区接纳可再生能源的能力。综上所述，三峡输电系统对电网发展的适应性良好。

## （二）输变电建设评估

通过三峡输变电建设的实施，全面建成了三峡输电系统。工程建设有序，投资、质量、安全得到有效管控。三峡输变电工程建设评估从管理体制与制度、资金和工期、质量和安全、生态环境保护、工程建设能力 5 个方面进行考察。

### 1. 管理体制与制度

三峡输变电工程建立了以三峡建委为领导的指挥决策协调系统、以国家电网公司为项目法人的组织实施体系；建立了三峡建设基金、企业自有资金和银行贷款相结合的多渠道融资体系；建立了"静态控制、动态管理"的投资管理机制；建立了企业自查、政府稽查制度与国家验收构成的工程项目监管体系，实现了"政府领导、企业管理、市场化运作"的建设管理体制创新。实践表明这一建设管理体制科学、高效。

三峡输变电工程管理引入了由项目法人制、资本金制、招投标制、合同管理制和工程监理制构成的现代工程管理制度。在三峡输变电工程建设中，国家电网公司作为项目法人，市场主体地位明确，其间虽有机构更迭，但由于制度延续、人员稳定，管理工作保持了连续性，项目法人制能全面落实；建立了以三峡建设基金为主、企业自有资金为辅的资本金制度，资本金比例远高于其他工程，有效降低投资额、控制造价水平；开创了输变电工程设计、施工、监理全面招投标局面，制定并落实了招投标制度，培育了竞争有序的建设市场环境；在工程组织管理中切实贯彻落实了合同管理制，实现了以合同为中心对参建各方有效管理的目标；创造性提出"小业主、大监理"理念，扩大监理单位职责外延，开展"四控制"（进度、投资、质量、安全）、"两管理"（合同和信息）和"一协调"（工程外部关系）等工作，落实了工程监理制度。

### 2. 资金和工期

三峡输变电工程建设有序，进度控制有力。总体建设计划合理，单项工程安排科学有序，工期控制有效，能确保电站投产的各台机组电力及时、全部送出，充分发挥了工程投资的效益。

三峡输变电工程财务管理严格，资金专款专用，投资控制有效。工程静态概算为 322.74 亿元，实际完成的静态投资为 322.74 亿元（均为 1993 年 5 月末价格水平），两者相符；动态投资测算为 394.51 亿元，实际完成的动态投资为 344.95 亿元，比测算的动态投资减少 49.56 亿元，减少率为 13%。单项工程造价合理，平均比同期同类工程低 10% 左右。

### 3. 质量和安全

三峡输变电工程实现了"达标投产""创一流工程""全过程创优""全员创优"等质量管理目标，98 项单项工程中，12 项获得部优称号，8 项获得国优称号。

三峡输变电工程建设期间，未发生重大人身伤亡事故、重大设备质量事故或其他重大安全事故，安全情况始终处于受控状态，实现了安全文明施工。

### 4. 生态环境保护

在三峡输变电工程建设过程中，生态环境保护工作体系得以建立健全，形成了以管理办法、监督规定、评价办法为主体，由各专业技术规程支撑的制度体系，建立了三级管理组织体系。每一个单项工程均在开工前开展环境影响评价、水土保持评价工作，在竣工时开展环境保护验收工作。各项工程电场强度、无线电干扰等环境影响指标均低于国家有关标准要求的限值。

三峡输变电工程建设采用一系列先进的设计施工技术，如采用全流程数字化电网技术优化选站、选线，避让风景区、林区，采用噪声综合治理技术控制政平换流站场界噪声，采用"F 型"铁塔技术减少房屋拆迁等，最大限度降低了工程的生态损害，同时也促进了输变电环保技术的发展，获得了各方面的好评，如三沪直流输电工程获得了"亚洲输变电工程年度奖""国家环境友好工程奖"，环保成效得到了国内外普遍赞誉。

### 5. 工程建设能力

三峡输变电工程建设有效提升了输变电工程设计和施工能力，使我国输变电工程建设水平跻身世界先进行列，取得的多个技术研究成果获得国家科学技术进步奖和中国电力科学技术奖，"三峡输电系统工程"项目获得 2010 年度国家科学技术进步一等奖。三峡输变电工程建设期间，通过优化线路选线、铁塔设计、基础设计和绝缘配置，提高了输电线路勘测设计水平；通过变电站的合理布置，有效减少了占地面积和建筑物面积；通过开发 250kN 张力放线设备，实现了大截面导线"一牵四"张力放线；通过首次采用动力伞或遥控飞艇展放牵引绳，实现了大跨越不封航架线。

### (三) 输变电科技创新和设备国产化评估

三峡输变电工程的技术参数和性能要求高，特别是超高压大容量直流输电设备，达到了世界先进水平。三峡工程输变电科技创新和设备国产化评估从科技创新、设备国产化水平、经济效益和电工装备制造产业升级 4 个方面进行考察。

### 1. 科技创新

三峡输变电设备研发以企业为主导，以工程为依托，自主研发和消化吸收国外技术相结合、产学研用相结合，充分发挥了国内电网建设单位、装备制造厂家、高等学校和科研院所的作用，建设了电力系统仿真中心、电磁兼容实验室、分裂导线力学性能实验室、杆塔实验站等一批具有国际一流水平的科研基地。依靠科技创新，国内企业掌握了成套交直流输变电设备和大部分组部件的核心技术。工程运行表明，国产设备参数和性能满足工程合同要求，运行稳定，可靠性指标世界领先。同时，培养了一批输变电设备设计制造的专业人才，为后续更高电压等级、更大容量交直流工程设备研发奠定了坚实基础。

### 2. 设备国产化水平

交流设备全部国内供货。直流设备国产化率逐步提高，三常工程（2003年投运）国产化率约为 30％，三广工程（2004 年投运）约为 50％，三沪工程（2007 年投运）约为 70％，三沪Ⅱ回工程（2011 年投运）达到了 100％。国内已经具备了独立设计制造 ±500kV 及以下高压直流输电工程用换流变压器、平波电抗器、晶闸管元件、晶闸管换流阀、直流控制保护系统、交直流滤波器、氧化锌避雷器等直流主设备的能力以及换流站成套设备型式试验和出厂试验的能力。工程设备大量采用了国产硅钢片、绝缘件等组部件，仅有部分组部件需要从国外专业公司采购（不影响自主成套），形成了从原材料到关键组部件和成套产品较为完整的国产化产业链。输电线路采用了国内自主研发的

720mm² 大截面导线、复合绝缘子等新技术。总体上，三峡交直流成套输变电设备实现了全面国产化。

### 3. 经济效益

受益于设备国产化率提升，后续完全国产化的±500kV工程设备造价不断降低，从三峡工程的平均 616.79 元/kW 下降至呼伦贝尔—辽宁工程的 509.11 元/kW 和宝鸡—德阳工程的 464.05 元/kW，分别下降 17.5％和 24.8％。设备国产化有效控制了工程投资，弥补了引进技术、消化吸收等前期投入，经济效益显著。

### 4. 电工装备制造产业升级

国内企业掌握了大型输变电设备尤其是直流设备的制造技术和关键领域的核心技术，改造升级了大量生产设备，形成了一套输变电设备研发、设计和制造工艺标准，国产设备操作可靠，可复制推广；形成了一批集研发设计制造于一体、竞争力强的企业，实现了电工装备制造业跨越式升级，使国内电工装备制造业跻身于世界先进行列。

### （四）电力系统运行评估

从首台机组投运至 2013 年年底，三峡电力系统已安全稳定运行 10 年。三峡工程电力系统运行评估从安全稳定性、电力调度、二次系统及通信技术、输电系统运行的经济效益与社会效益 4 个方面进行考察。

### 1. 安全稳定性

自 2003 年三峡电站首台机组投运以来，通过优化运行方式、改进机组控制性能、配置安全稳定控制装置等措施，解决了运行中出现的部分变电站短路电流超标、电厂与电网振荡模式阻尼不强、严重故障后发电机功角失稳等问题，保证了三峡电力系统在各个运行阶段、各种运行方式下均符合行业标准《电力系统安全稳定导则》规定的三级安全稳定标准，且稳定水平高、承受扰动冲击的能力强，实现了三峡电力全部及时送出。截至 2013 年年底，三峡电力系统分别向华中电网（含重庆）送电 2920.32 亿 kW·h，向华东电网送电 2775.11 亿 kW·h，向南方电网送电 1361.48 亿 kW·h，其送电能力达到了向华中、华东、南方电网送电的设计要求。

三峡输变电工程投运后，发输电系统运行安全可靠，电站机组平均等效可用系数较高，截至 2013 年年底，发电设备已连续安全运行 2693 天；直流设施可靠性水平处于世界先进行列，直流换流站单极闭锁率［1.75 次/（极·a）］远低于国际上同类直流输电系统的平均值［4.68 次/（极·a）］，运行可靠性较高。

### 2. 电力调度

三峡发电调度遵循电网统一调度原则，由国家电力调度通信中心根据电网运行实际情况，直接调度三峡水利枢纽梯级调度中心，调度到三峡电站的500kV 和 220kV 母线；发电调度服从防洪调度并与航运、生态等调度相协调。

在水资源优化利用方面，通过优化调度，促进了节水增发，取得了良好的节能调度效果。此外，由于上游水库的调节作用，增加了三峡水库枯期调节流量，使三峡电站的保证出力增加，电站的调峰能力进一步增强。通过实施长江流域上下游优化调度，三峡电站的发电效益更加显著。

三峡电力系统送电范围涵盖华中、华东、南方电网，不同区域及省级电网的电源结构、电网特性、负荷特性各不相同，存在跨区跨省特性互补与资源共济的客观规律。通过跨区跨省优化调度，充分发挥调峰、错峰、互为备用、调剂余缺等互联电网效益，有利于实现更大范围内的资源优化配置，提升电网安全运行水平。

### 3. 二次系统及通信技术

在三峡输变电二次系统工程实施过程中坚持"国产化自主创新"原则，立足国内自主研发和新技术、新产品应用。在继电保护方面：首次选用国产500kV 母线微机化保护设备；率先大规模采用国产化 500kV 线路分相电流差动保护。在调度二次系统方面，跨区电网动态稳定预警系统（省级及以上调度中心）和国家电力调度数据网工程主要设备（路由器、交换机等）的国产化率均达到 100%；新建的国调中心和重庆市调的能量管理系统（EMS）是我国自主研发的新一代能量管理系统。三峡电力二次系统的技术装备和应用系统自投运以来，设备和系统功能完备、性能优良，运行情况良好，未发生系统全停和宕机故障，达到国际先进水平。

三峡输变电通信工程建成光缆线路 9294.5km，新建光通信站 149 个；改造微波通信电路 2600km，微波通信站 83 个。自 2003 年陆续投入运行以来，设备运行平稳，各项技术指标符合要求，为电网保护、安全稳定控制、调度自动化、调度电话等生产业务提供了高质量、高可靠的信息传输通道。

三峡输变电二次系统及通信工程是三峡工程电力系统的重要组成部分，运行实践表明，其整体运行情况良好，有效地保障了三峡电站及其输电系统、跨区互联电网安全稳定运行。

### 4. 输电系统运行的经济效益与社会效益

三峡输电系统安全稳定运行是三峡工程整体效益得以实现的重要保证。对三峡输电系统运行效益的测算，遵循合法合理、客观全面、整体测算等原则，预计到 2037 年工程运营期结束，扣除增值税、城建税及教育费附加后，工程累计可实现收入净额 1591.34 亿元，能够回收固定资产余值 21.21 亿元。税前内部收益率为 7.49%，大于电网工程基准内部收益率 7%。财务净现值大于零，将在 2016 年回收全部投资。按照实际运行经济效益计算，截至 2013 年年底，累计税前收入总额达到 494.42 亿元，净收入 415.25 亿元，税前收益 90.83 亿元，净收益 66.95 亿元。总之，三峡输变电工程虽然总投资大，总工期长，但由于发电量大，发电成本低，对国家贡献大，能获得较好的财务收益。

三峡输变电工程的建设和输电系统运行，支持了地方经济建设与发展，提升了输变电工程建设水平、设备研发制造能力和大电网运行水平，为后续电网建设和运行奠定了制度和人才基础，社会效益显著。

三峡输电系统的环境效益突出。截至 2013 年年底，三峡电站累计发电量为 7119.69 亿 kW·h（其中上网电量为 7056.91 亿 kW·h），相当于替代标准煤 2.4 亿 t，相当于减少二氧化碳排放 6.1 亿 t、减少二氧化硫排放 655.1 万 t、减少氮氧化合物排放 187.7 万 t，发挥了良好的替代效应，有效地缓解了经济发达地区的环境压力。

（五）评估结论

**1. 三峡工程电力系统规划设计工作系统、全面、科学**

三峡电力系统规划设计是三峡工程建设的重要组成部分，规划设计过程坚持远近结合、反复论证、（电源电网）统一规划、总体审批、分步实施、适时调整的原则。规划设计结果科学合理，满足了各阶段三峡电力系统安全稳定运行及三峡电能全部送出需求，对系统条件变化适应性良好，是大型水电开发建设的成功范例。

**2. 三峡输变电工程全面、按时、安全、高质量完成建设任务**

三峡输电系统全面建成，工程建设有序，投资、质量、安全得到有效管控。在建设过程中，顺应经济体制改革创新建设管理机制，引入项目法人管理制度、资本金制度、招投标制度、合同管理制度和项目监理制度等现代工程管理制度，奠定了我国输变电工程现代建设管理制度的基本框架。通过三峡输变电工程建设，我国输变电工程建设能力跻身国际先进水平行列。

**3. 三峡工程全面提升了输变电装备国产化水平和制造能力**

三峡输变电工程坚持技术引进与消化吸收、自主创新相结合的技术路线，采用"政府引导，企业为主体，大工程为依托"的模式，推动了我国输变电装备制造业的快速发展，全面实现了超高压直流输电工程建设的自主化与装备的国产化，改变了我国直流输电技术薄弱的历史状况，使我国直流输电技术应用及部分研发达到国际先进水平，有效地控制了直流工程的投资；多个交流设备技术性能和参数跻身世界先进行列。

**4. 三峡工程电力系统可靠性高，运行稳定，调度方式合理，经济和社会效益显著**

自 2003 年首台机组投运以来，三峡电力系统运行可靠性高，通过制定科学合理的调度、运行、控制方案，在各个运行阶段、各种运行方式下均符合电力行业标准《电力系统安全稳定导则》规定的安全稳定标准，稳定水平高、承受扰动的能力强，输电能力满足向华中、华东、南方电网送电的需求。截至 2013 年年底，三峡电力系统已安全运行 10 年，实现了三峡电能的全部送出，充分利用了三峡水能，具有显著的经济和社会效益。

**5. 三峡工程电力系统建设推动了全国联网**

三峡电站地处华中腹地，在全国互联电网格局中处于中心位置，对电网互联起到枢纽作用，再加上其巨大的容量效益，对于区域电网互联起到了重要的推动作用。通过构建三峡电力系统，连接了川渝、华东和南方电网，推动了全国联网，实现了跨大区西电东送和北电南送，电网大范围资源优化配置能力得到大幅提升。

**6. 推动了电力行业科技进步和专业人才的培养**

配合三峡电力系统建设，我国建成了一批具有世界先进水平的实验室和研究基地，全面掌握了大电网规划设计、仿真分析、运行控制、调试和调度通信的技术，并通过积极支持国产"首台首套"设备挂网运行，使我国电力科技创新能力大幅提升。通过三峡电力系统建设，我国培养了一批在电力系统领域具有国际知名度的专业人才。

## 三、对今后工作的建议

### （一）大型能源基地规划应充分借鉴并推广三峡工程规划设计的成功经验

三峡工程实现了电源电网统一规划、科学民主决策，并从国家经济发展全局制定了电能消纳方案，保障了发电、电网和受电方的多方受益。未来国家大型电源基地，尤其是大型可再生能源基地规划应充分借鉴三峡工程规划设计的成功经验，着眼长远的能源发展战略、统筹全国电力市场，科学规划可再生能源基地的建设方案、电能消纳方案和电力输送方案，推动能源供应的"清洁替代"，助力国家经济的可持续发展。

### （二）开展枯水期三峡输变电工程空余容量利用的研究

在保障丰水期三峡电力送出和消纳的基础上，应充分利用三峡输变电工程枯水期空余容量，发挥更大作用。建议结合国家电力工业专项规划，研究枯水期三峡直流工程空余容量接续输送外来盈余电力的可行性，利用直流输电的可调节能力，提高华东、广东受电地区接纳可再生新能源的能力。同时，应结合电网发展需要，从短路电流控制、三峡近区用电等角度进一步研究三峡近区电网优化方案。

### （三）结合西南水电开发的远景，提高三峡电站的综合效益

三峡工程是一个综合利用的水利工程，有着巨大的防洪、发电、航运、供水等综合效益，特别是随着西南水电的开发，将在长江上游逐步形成巨型梯级水电站群。建议结合西南水电开发的远景，研究长江上游梯级水电站群与三峡电站联合调度，以及三峡水库汛期中小洪水调度等问题，进一步提高三峡电站的综合效益。

### （四）继续加强国产化技术升级，实现持续创新

未来，我国远距离、大规模输电以及全国范围资源优化配置的格局需要输变电装备不断升级。建议加强对已有国产化技术的改进升级和持续支持，进一步推进更高电压等级、更大容量交直流输电和柔性直流输电等技术的工程应用，加大对新型输变电技术研发、装备和核心部件国产化的支持，推进我国输变电技术的持续发展和创新。

# 主 要 参 考 文 献

[1] 国家电网有限公司. 中国三峡输变电工程　综合卷 [M]. 北京：中国电力出版社，2008.

[2] 国家电网有限公司. 中国三峡输变电工程　创新卷 [M]. 北京：中国电力出版社，2008.

[3] 国家电网有限公司. 中国三峡输变电工程　直流工程与设备国产化卷 [M]. 北京：中国电力出版社，2008.

[4] 国家电网有限公司. 中国三峡输变电工程　交流工程与设备国产化卷 [M]. 北京：中国电力出版社，2008.

[5] 国家电网有限公司. 中国三峡输变电工程　系统规划与工程设计卷 [M]. 北京：中国电力出版社，2008.

［6］　潘家铮. 三峡工程重新论证的主要结论［J］. 水电发电，1991（5）：6-16.

［7］　潘家铮. 三峡工程论证概述［J］. 水利水电施工，1991（1）：7-16.

［8］　邵建雄. 三峡电站供电范围及在电力系统中的地位与作用［J］. 人民长江，1996（10）：8-10.

［9］　吴鸿寿，黄源芳. 三峡水电站水轮发电机组的选择研究［J］. 人民长江，1993（2）：6-12.

［10］　周献林. 三峡电站近区输电系统规划优化调整［J］. 电网技术，2010，34（8）：87-91.

［11］　中国工程院三峡工程试验性蓄水阶段评估项目组. 三峡工程试验性蓄水阶段报告［M］. 北京：中国水利水电出版社，2014.

［12］　中国工程院三峡工程论证阶段性评估项目组. 三峡工程阶段性评估报告　综合卷［M］. 北京：中国水利水电出版社，2010.

［13］　国家电网有限公司. 三峡输变电工程建设运行情况汇编（内部资料）［G］，2014.

［14］　国务院发展研究中心. 三峡直流输电工程自主化的模式及影响［R］，2012.

［15］　三峡输变电工程总结性研究课题组. 三峡输变电总结性研究［R］，2011.

［16］　三峡输变电工程总结性研究课题组. 直流工程与国产化总结性研究［R］，2010.

［17］　国务院发展研究中心. 三峡直流输电工程自主化的模式及启示研究［R］，2013.

## 附件：

# 课题组成员名单

## 专　家　组

顾　问：吴敬儒　国家开发银行资深顾问

卢　强　清华大学教授，中国科学院院士

王锡凡　西安交通大学教授，中国科学院院士

组　长：周孝信　中国电力科学研究院名誉院长，中国科学院院士

副组长：周小谦　国家电网有限公司顾问，教授级高级工程师

郭剑波　中国电力科学研究院院长，中国工程院院士

成　员：吴　云　中国电力规划研究中心教授级高级工程师

印永华　中国电力科学研究院教授级高级工程师

李荣华　国家电网有限公司高级会计师

刘泽洪　国家电网有限公司教授级高级工程师

张智刚　国家电网有限公司教授级高级工程师

陈小良　中国电机工程学会教授级高级工程师

夏　清　清华大学教授

穆　钢　东北电力大学教授

赵　彪　国网节能服务有限公司高级工程师

孙华东　中国电力科学研究院教授级高级工程师

## 工　作　组

组　长：孙华东　中国电力科学研究院教授级高级工程师

副组长：赵　彪　国网节能服务有限公司高级工程师

成　员：裴哲义　国家电力调度控制中心高级工程师

　　　　周勤勇　中国电力科学研究院高级工程师

　　　　易　俊　中国电力科学研究院高级工程师

　　　　张　进　国家电网有限公司高级工程师

　　　　林伟芳　中国电力科学研究院高级工程师

　　　　赵珊珊　中国电力科学研究院高级工程师

　　　　吴　萍　中国电力科学研究院工程师

　　　　崔　晖　中国电力科学研究院高级工程师

　　　　郑　超　中国电力科学研究院高级工程师

　　　　胡明安　国家电网有限公司高级会计师

　　　　孙　涛　国家电网有限公司高级工程师

　　　　刘应梅　中国电力科学研究院高级工程师

　　　　邬　炜　中国电力规划研究中心高级工程师

　　　　周天睿　中国电力规划研究中心高级工程师

# 报告十

# 机电设备评估课题简要报告

## 一、概述

长江三峡工程是一项集防洪、发电、航运、供水等功能为一体的大型水利水电工程。三峡电站共安装 32 台单机容量 700MW 和 2 台单机容量 50MW 的混流式水轮发电机组，总装机容量为 22500MW，是我国也是当今世界上装机容量最大的水电站。三峡电站由左岸电站、右岸电站、地下电站和电源电站组成。其中，左岸电站安装 14 台 700MW 水轮发电机组，于 2005 年 9 月全部投产发电；右岸电站安装 12 台 700MW 水轮发电机组，于 2008 年 10 月全部投产发电；地下电站安装 6 台 700MW 的水轮发电机组，于 2012 年 7 月全部投产发电；电源电站安装 2 台具有黑启动功能的 50MW 水轮发电机组，于 2007 年投产发电。截至 2014 年 12 月 31 日，三峡电站累计发电 8107.88 亿 kW·h，为我国的经济发展和节能减排作出了重大贡献。

由于三峡工程机电设备规模大、技术要求高、投资巨大，针对三峡电站所采用的机电设备，国家在工程建设前期、中期和运行期间都进行了充分的论证和科学的试验研究。早在 1958 年国家科学技术委员会（现科学技术部）在武汉三峡科研工作会议上，根据长江水利委员会提出的规划，安排哈尔滨电机厂（现哈尔滨电机厂有限责任公司）、中国科学院机械研究所（现中国科学院电工研究所）和当时刚成立的第一机械工业部第八局大型电机研究所（现哈尔滨大电机研究所）等单位，按正常蓄水位 200m 对电站采用单机容量 300MW、450MW、600MW、800MW、1000MW 5 个方案的机组参数、结构、尺寸进行了论证，并编写了《三峡枢纽机组容量论证初步意见》。1986 年 6 月，中共中央、国务院发出《中共中央、国务院关于长江三峡工程论证有关问题的通知》（中发〔1986〕15 号），责成原水利电力部组织各方面专家，对原来的可行性研究报告作全面的补充论证，1988 年形成了《三峡工程论证报告》（正常蓄水位 175m），长江水利委员会据此编制了《长江三峡水利枢纽可行性研究报告》，1991 年经国务院讨论通过。1992 年 4 月 3 日，第七届全国人民代表大会第五次会议审议通过了《关于兴建长江三峡工程的决议》。

三峡工程建设的原则之一是必须采用当代该领域最先进的技术。由于当时国内制造商尚未具备独立设计制造 700MW 水轮发电机组的技术能力，为此，1996 年三峡工程左岸电站 14 台水轮发电机组采用国际招标模式，遵照国务院三峡工程建设委员会实现重大装备国产化的要求，招标时要求中标方向我国制造商转让巨型水轮发电机组研制的核心技术，目的是以"引进-消化吸收-再创新"的技术路线实现我国巨型水轮发电机组等重大水电装备国产化。1997 年 8 月 15 日，法国 ALSTOM＋瑞士 ABB＋挪威 KVAERNER 公司组成的联合体（以下简称"AKA"）和德国 VOITH＋加拿大 GE＋德国 SIEMENS 联合体（以下简称"VGS"）分别中标。哈尔滨电机厂有限责任公司（以下简称"哈电"）、东方电机有限公司（以下简称"东电"）分别在两个联合体内，接受技术转让，并先后承担了近 50％的制造份额。三峡集团公司全力推进"引进-消化吸收-再创新"的战略，承担技术转让费用，主导督促技术转让，促进国内厂商分包制造，增加国内制造份额。在这种模式的成功实施下，三峡工程不但采购到了质量优良、技术先进的水轮发电机组等机电设备，而且通过分包合作以及技术的引进、消化、吸收和自主创新，使我国制造厂逐步掌握了巨型水电机组、大容量 500kV 三相变压器、大开断电流 500kV 六氟化硫气体绝缘系统（GIS）等其他关键重大装备的自主研制技术。在随后三峡右岸电站 12 台和地下电站 6 台机组采购中，三峡集团公司积极推进水电重大装备国产化，引导哈电、东电进行全新的水力开发，创造性地将国内、国外设计的水轮机模型进行同台对比竞争，哈电和东电两厂独立投标，各获得右岸电站 4 台机组和地下电站 2 台机组的制造合同。至此，在短短几年内，我国巨型水轮发电机组和其他关键机电设备的自主研发、设计、制造、安装、调试能力就实现了跨越式发展，与世界先进企业并驾齐驱，设备总体性能达到了国际先进水平。

2008 年，三峡工程左岸电站和右岸电站的机组接近完成，中国工程院受国务院三峡工程建设委员会委托，组织进行了"三峡工程论证及可行性研究结论的阶段性评估"工作，机电设备课题组编写了其中的《机电设备课题阶段性评估报告》。该报告对 1988 年的《机电设备论证报告》及可行性报告机电部分的内容逐项进行了分析评估，指出："可行性论证报告对三峡机电设备的规模与容量、尺寸与性能参数、关键技术、设计制造运输的可行性等方面做出的论证结论符合实际情况"，"三峡工程机电设备的成功运行证明了论证结论是科学合理的"。

2012 年中国工程院组织开展了三峡工程试验性蓄水阶段评估工作，编写了《三峡工程试验性蓄水阶段评估报告》。该报告指出，三峡电站所有机电设备可以在水位 135m—145m—175m 范围安全、稳定、高效地运行，电站发电效益巨大，节能减排效果显著。2013 年 12 月，三峡建委委托中国工程院开展三峡工程建设第三方独立评估工作。2014 年 1 月 21 日成立由中国工程院院士梁维燕任课题组组长，水利部原外事司司长杨定原任副组长，国家水力发电设备工程技术研究中心副主任李正任工作组组长，共 25 人组成的三峡机电设备第三方独立评估课题组。按照第三方独立评估工作的要求，按专业进行分工，通过实地调研、资料收集，并参考历次评估资料，形成了《三峡工程建设机电设备第三方独立评估报告》。

## 二、评估内容与结论

机电设备评估课题组在研读 1988 年的《机电设备论证报告》、各阶段评估报告、三峡机电工程设计报告、机电设备试验报告、机组运行报告、机组相关规程规范等资料和实地调研的基础上，经专家认真、充分讨论后，得出以下评估结论。

### （一）水轮机

对三峡电站水轮机特性、结构型式和主要参数等进行了评估，结论如下：

（1）《机电设备论证报告》（1988 年）推荐三峡水电站水轮机采用混流式，是最适合三峡枢纽水头范围的机型，它结构可靠、技术成熟，有丰富的设计制造和运行经验。实践证明三峡电站采用混流式水轮机是正确的。水轮机容量、转轮直径以及主要参数（比速系数、空化系数、最高效率等）的选取科学、合理、可靠；过渡过程分析计算正确；巨型混流式水轮机的结构型式合理，保证了机组的安全稳定运行。

（2）《机电设备论证报告》（1988 年）要求三峡工程重视机组稳定性。有关各方高效协同，在科研、设计、制造、安装和运行中采取多种措施，有效地保证了机组的稳定运行。三峡电站依据真机试验情况确定机组安全运行范围，更好地保证了机组稳定运行。

（3）水轮机真机特性与模型试验结果吻合良好；5 种设计的 700MW 级水轮机均有较高的效率和良好的空化性能，在额定水头时每台机组均能达到额定出力 700MW，在运行水头高于额定水头一定值时，机组出力可达到 756MW。

### （二）发电机

对三峡电站水轮发电机主要参数、结构型式、冷却方式以及机组推力轴承等进行了评估，得出以下结论：

（1）水轮发电机的静态和动态稳定性、热稳定性、抗干扰能力（电网波动、地震等）、过负荷能力及过渡过程等运行工况表明：水轮发电机性能指标优越，满足了电网要求，确保了三峡电站与电网的稳定运行和电力电量顺利输送，证明了发电机主要参数的选取是科学、合理、可靠的。

（2）三峡电站采用的 3 种不同冷却方式（定子水内冷、全空冷、定子蒸发冷却）的水轮发电机，经受了不同水头、不同负荷和各种复杂工况下的考验，证明这 3 种冷却技术在三峡发电机中应用是成功、可靠和正确的。全空冷和定子蒸发冷却技术是我国自主开发的，它的成功应用，表明中国大容量发电机冷却技术已达到国际领先水平。

（3）三峡电站水轮发电机采用具有上、下导轴承的半伞式及推力轴承布置在发电机下机架上的结构型式，经运行实践证明是合理的，机组在各种工况下运行稳定。推力轴承结构和性能达到世界先进水平。

（三）辅机

对三峡电站的调速系统、励磁系统进行了评估，得出以下结论：

三峡左岸电站、右岸电站、地下电站的调速系统和励磁系统，从"国际采购＋国内分包"，到"国内采购＋进口核心部件"，再到"国内总体设计＋进口通用部件"，与水轮发电机组同步实现了"引进-消化吸收-自主创新"的战略。两个系统的型式和主要参数选用正确，整体运行品质良好。调速器及励磁系统的设计、生产达到了世界先进水平，最终实现了国产化。

（四）机组制造、运输

对水轮发电机组的制造和运输方案进行了评估，得出以下结论：

三峡水轮发电机组是当时世界上尺寸最大、重量最重的混流式机组，水轮机的核心部件转轮直径超过 10m，净重 430～460t，是超大超重件，运输困难。《机电设备论证报告》（1988 年）建议比较在工厂制造后整体运输到工地和用部件在工地组焊成整体两个方案，实践中两个方案均被采用，都获得成功。工地组焊的成功，解决了大型转轮运输问题，为后续西部大型电站的建设积累了经验。

（五）机组适应分期蓄水方案

对机组适应分期蓄水方案进行了评估，得出以下结论：

三峡水库的蓄水随着大坝施工和移民安置的进程采用分期蓄水方式。由于围堰发电期水位与最终建成后的正常蓄水位相差 40m，历时 6～7 年，要求水轮机的设计兼顾这样宽的水头变幅超过了已有的工程经验。《机电设备论证报告》（1988 年）曾提到初期部分水轮机采用临时转轮以适应低水头，后期更换为永久转轮方案，要求在初步设计中比较。工程实施中采用先进的水力设计技术和制造措施，使得一个永久转轮就适应了三峡电站分期蓄水水头变幅大的特点，而且机组也具有良好的稳定性。工程实践证明，选用一个转轮适应分期蓄水的方案是正确的。

### （六）电气设计及主要设备

对三峡电站的电气设计及主要设备进行了评估，得出以下结论：

（1）经历了各种运行水头、多种运行方式的考验，三峡电站的电力、电量能安全稳定送出，并适应全国电力系统联网，表明三峡电站电力外送和接入电力系统设计是合理的。

（2）三峡左岸、右岸、地下及电源电站选用的电气主接线安全可靠、调度灵活，满足了三峡电站各种运行方式和电力输出的要求，主变压器、GIS 配电装置等电气设备运行性能优良。

（3）梯级枢纽调度和电站综合自动化系统设计合理、技术先进、功能齐全，性能指标满足合同要求，运行稳定，安全可靠，实现了调度监控及运行管理自动化，达到了三峡工程可行性论证时提出的目标要求。

### （七）枢纽的金属结构及桥式起重机

对三峡枢纽工程的金属结构及桥式起重机等进行了评估，得出以下结论：

（1）三峡枢纽工程金属结构及各种启闭设备经历了洪、枯水期的泄水、蓄水、排沙和电站各种运行工况的考验，相应的闸门启闭正常且性能良好，达到了工程设计的要求。

（2）左岸、右岸及地下电站厂房中各配置的 2 台 1200/125t 桥式起重机达到了工程设计要求，满足了现场安装及检修维护的需要，且运行性能和同步性能良好。

### （八）机电设备安装、调试、运行和维护

对三峡电站机电设备安装调试、运行维护、管理措施等进行了评估，结论如下：

（1）三峡集团公司制定了高于国家标准的安装标准，建立了完善的安装质量控制体系和"首稳百日""精品机组"等考核标准，并严格执行。上述措施保证了机电设备安装和调试的高质量。机组严格按规定的项目进行调整与试验，对机组安装与调试过程中出现的问题进行了处理，并取得了良好的效果。

（2）通过对 5 种设计的水轮发电机组各种工况下的压力脉动、部件振动、轴系摆度等性能指标进行综合分析，三峡集团公司将每种机组的运行区划分为

稳定运行区、限制运行区和禁止运行区，指导机组运行，这对机组的长期安全稳定运行起到了保证作用。

（3）机组总体运行状况良好，历年机组等效可用系数均在93％以上，可靠性指标始终保持在较高水平（2003年初期投产的6台机组等效强迫停运率为0.43％，2013年34台机组等效强迫停运率为0.02％），为电力行业的先进水平。

（4）2008年和2012年，对国内外设计的5种机组进行真机对比试验分析的结果表明，国产机组的水力设计、电磁设计、冷却方式、绝缘技术、机组结构等方面都达到了国际同等水平，右岸电站机组总体性能优于左岸电站机组。哈电自主研制的当时世界上单机容量最大的840MVA水轮发电机全空冷技术、东电和中科院电工所自主研发的当时世界上单机容量最大的840MVA水轮发电机定子蒸发冷却技术达到了国际领先水平。

### （九）对我国水电机电设备行业技术进步和制造能力的影响

**1. 三峡电站的成功建设，促使我国水力发电设备制造业水平高速提升，进入国际先进行列**

三峡工程开工建设以前，我国水电装备研制水平与国外相比差距很大，单凭国内技术短期内无法实现三峡电站巨型机组的自主研制。在国家正确的决策下，采用"引进-消化吸收-再创新"的技术路线，借助三峡工程，我国水电重大装备制造企业哈电、东电、西安西开、天威保变等向国外一流的水电设备制造企业引进并消化吸收了先进的水电设备研发、设计、制造技术及管理理念。同时，建立了现代化的自主研发创新体系，保证了产品的自主创新和技术的持续提升。三峡工程的成功建设，促使我国水力发电设备制造业水平进入国际先进行列，实现了我国大型混流式机组研制技术的跨越式发展，同时也为后续溪洛渡（单机容量770MW）、向家坝（单机容量800MW）、乌东德（单机容量850MW）、白鹤滩（单机容量1000MW）等大型水电站的顺利建设奠定了坚实的基础。

**2. 机电设备采用国际招标模式，推动了我国水电装备制造业的技术持续创新**

在国家政策引导和支持下，三峡集团公司充分发挥业主统筹协调的主导作用，采取国际招标的模式来采购三峡的水电设备。三峡集团公司搭建的这个国际竞争平台，推动了我国水电设备制造企业积极参与国际竞争。2003年三峡集团公司在右岸水轮发电机组国际招标中，更进一步要求投标的国内外供货商在投标的同时，提交各自的水轮机模型，在第三方试验台上进行同台对比试验，择优选择机组设备供应商。这种全球竞争模式积极推动并引导我国水电设备制造企业不断进行技术革新和管理改进，有利于提升企业的技术创新能力，并不断提升在国际市场上的竞争力。从水轮机模型同台试验对比择优选择右岸机组制造商开始，到白鹤滩水电站 1000MW 机组的供货商选择，都证明了该模式的正确性，对于其他行业也具有重要的借鉴和参考意义。

综上所述，自左岸电站首批机组于 2003 年 7 月投产以来，三峡水轮发电机组相继经历了 135m、156m、175m 等不同阶段蓄水位的运行考验。十余年来的运行考核表明，三峡水轮发电机组运行安全稳定，能量、空化和电气等性能良好，主要性能指标达到或优于合同要求。电站变电设备、综合自动化系统、各种金属结构设施、附属设备及公用系统设备等运行性能优良，能长期可靠、稳定运行。我国巨型水轮发电机组主、辅机设备等的自主研发、设计、制造、安装、调试能力实现了跨越式发展，与世界先进企业并驾齐驱，自行研制的巨型机组总体性能达到了国际先进水平。

## 三、建议

结合《三峡工程论证及可行性研究结论的阶段性评估报告》《三峡工程试验性蓄水阶段评估报告》，并根据本次调研及评估结果，建议如下：

(1) 依托三峡工程，我国迅速成为水电装备制造大国并向水电制造强国迈进。这得益于 3 个方面：①政府的正确决策和大力支持；②国际化的技术合作与竞争；③持续的自主创新。因此建议国家进一步支持我国高端装备制造业的自主创新体系建设，培育企业的自主创新能力，并在此基础上采取开放、合作与竞争的模式支持国内企业参与国内外重大工程的竞争，在全球化竞争的背景下激发企业的创新活力，从而持续提升企业的竞争能力。

(2) 对于水轮机，建议今后大型水电机组的水力设计要将稳定性放在首位，并综合考虑机组与厂房的联合振动，按运行水头和负荷范围对机组划分合理的运行区间，机组严格控制在水力设计的稳定区域运行，避免在其他区域运行。对于发电机，深入研究水轮发电机绝缘材料与绝缘结构，提高耐热等级，延长发电机运行寿命，同时加强防电晕技术研究。对于辅机，建议广泛采用自主研制的辅机设备以进一步促进我国辅机研制能力和技术水平的进步。

(3) 三峡电站水轮发电机组额定功率为 700MW，在设计阶段从扩大机组运行的稳定性、增加机组调峰容量出发，在设置额定功率和额定容量的同时，还设置了最大功率和最大容量，即发电机额定容量 777.8MVA，功率因数 0.9，对应的额定功率为 700MW；最大容量 840MVA，最大容量运行时的功率因数 0.9，对应最大功率为 756MW。在三峡水库 175m 水位试验性蓄水过程中，三峡电站对机组开展了最大容量运行下的全面试验和考核，结果表明机组在高水头下具备756MW长期安全稳定运行的能力。建议与电网协同研究、突破障碍，允许三峡电站的机组在相应的高水头下按单机容量756MW调度运行，既可以扩大机组稳定运行的范围，又可以提高发电的效益，实为各方受益而无一害的举措，为更好发挥水电的绿色能源优势、降低碳排放作出更大贡献。

# 主 要 参 考 文 献

［1］ 俞宗瑞，朱仁堪，等. 三峡枢纽水力机组容量论证初步意见［R］，1958.

［2］ 水利部长江水利委员会. 长江三峡水利枢纽单项工程技术设计报告［R］，1995.

［3］ 中国工程院. 长江三峡工程专题论证报告汇编［G］，2008.

［4］ 中国工程院三峡工程阶段性评估项目组. 三峡工程阶段性评估报告 综合卷［M］. 北京：中国水利水电出版社，2010.

［5］ 中国工程院三峡工程试验性蓄水阶段评估项目组. 三峡工程试验性蓄水阶段评估报告［M］. 北京：中国水利水电出版社，2014.

［6］ 上海发展战略研究会. 三峡工程的论证与决策［M］. 上海：上海科学技术文献出版社，1988.

［7］ 黄源芳，李文学. 三峡电站水轮机性能和结构特点评析［J］. 中国三峡建设，2000（7）：23－26.

［8］ 田子勤，刘景旺. 三峡电站混流式水轮机水力稳定性研究［J］. 人民长江，2000，31（5）：1－3.

［9］ 陶星明，刘光宁. 关于混流式水轮机水力稳定性的几点建议［J］. 大电机技术，2002（2）：40－44.

［10］ 袁达夫. 长江三峡工程技术丛书：三峡工程机电研究［M］. 武汉：湖北科学技术出版社，1997.

［11］ 王国海. 三峡右岸巨型全空冷水轮发电机组关键技术——水轮机篇［J］. 大电机技术，2008（4）：30－36.

［12］ 刘胜柱，纪兴英. 三峡右岸水轮机水力性能优化设计［J］. 大电机技术，2004（1）：30－34.

［13］ 石清华. 改善和提高三峡右岸水轮机水力稳定性的水力设计［J］. 东方电机，2005（2）：1－23.

［14］ 李伟刚，宫让勤. 三峡右岸水电站水轮机参数选择研究［J］. 大电机技术，2009（2）：37－42.

［15］ 胡江艺，严肃. 三峡右岸电站水轮机选型设计［J］. 东方电机，2005（2）：30－35.

［16］ 王波，张向阳. 三峡右岸水轮机关键部件数控加工技术研究［C］//全国机电企业

工艺年会（厦工杯）工艺征文论文集. 中国机械制造工艺协会，2009.

[17] 李伟刚，宫让勤. 三峡右岸水电站水轮机过渡过程计算分析 [J]. 大电机技术，2009 (1)：34 - 37.

[18] 黄源芳，刘光宁，樊世英. 原型水轮机运行研究 [M]. 北京：中国电力出版社，2010.

[19] 邱希亮. 哈尔滨电机厂技术发展历程 [M]. 北京：中国水利水电出版社，2014.

[20] 陈锡芳. 水轮发电机结构运行监测与维修 [M]. 北京：中国水利水电出版社，2008.

[21] 陶星明. 坚持自主创新，促进大型水电机组核心技术发展 [J]. 电器工业，2009 (1)：30 - 33.

[22] 吴伟章. 大型水电机组核心技术在哈电的发展 [C] //大型水轮发电机组技术论文集. 北京：中国电力出版社，2008.

[23] 袁达夫，梁波. 大型水轮发电机冷却方式 [J]. 大电机技术，2008 (5).

[24] 陶星明，刘光宁. 哈电三峡机组的技术引进、消化与自主研制 [J]. 电力设备，2008，9 (8)：101 - 102.

[25] 陶星明. 自主创新哈电大型水电机组迎来大发展 [J]. 机电商报，2009 (3)：1 - 3.

[26] 刘公直，付元初. 全空冷巨型水轮发电机 [J]. 大电机技术，2007 (5)：1 - 8.

[27] 袁达夫，邵建雄，刘景旺. 长江三峡水利枢纽机电工程设计进步 [C] //第一届水力发电技术国际会议论文集. 2 卷. 北京：中国电力出版社，2006.

[28] 刘平安. 三峡右岸电站 840MVA 全空冷水轮发电机技术 [J]. 大电机技术，2008 (4)：1 - 5.

[29] 武中德，张弘. 水轮发电机组推力轴承技术的发展 [J]. 电器工业，2007 (1)：32 - 36.

[30] 袁达夫，梁波. 三峡地下电站水轮发电机冷却方式 [C] //2013 年电气学术交流论文集. 北京：中国电力出版社，2013.

[31] 刘平安，武中德. 三峡发电机推力轴承外循环冷却技术 [J]. 大电机技术，2008 (1)：7 - 10.

[32] 满宇光，李振海. 三峡左岸水轮发电机绝缘系统概述 [J]. 大电机技术，2007 (1)：27 - 30.

[33] 刘亚涛，王立贤. 三峡右岸电站调速器功率快速调节的实现 [J]. 大电机技术，2010 (4)：57 - 60.

[34] 王立贤，杨威. PCS7 系统在三峡右岸机组油压装置集中测控中的应用 [J]. 水电站机电技术，2011 (2)：28 - 30.

[35] 毛羽波，朴秀日. 三峡右岸调速系统机械液压部分的特点 [J]. 水电站机电技术，2011 (2)：28 - 30.

[36] SUN Yutian，GAO Qingfei. Development of Air - cooled Hydrogenerators for 700MW Level Capacity [C] //Proceedings of CIGRE Colloquium on New Development of Rotating Electrical Machines. Beijing，2011.

附件：

# 课 题 组 成 员 名 单

## 专 家 组

**组　长：** 梁维燕 *　哈尔滨电气集团公司专家委员会副主任，中国工程院院士

**副组长：** 杨定原　水利部原外事司司长，教授级高级工程师

**成　员：** 孙如瑛 *　国务院三峡工程建设委员会装备协调司原司长，教授级高级工程师

饶芳权 *　上海交通大学教授，工程院院士

孙凤鸣 *　机械工业联合会重大装备办公室高级顾问，教授级高级工程师

刘光宁 *　哈尔滨电机厂有限责任公司原副总工程师，教授级高级工程师

刘公直　哈尔滨电机厂有限责任公司原副总工程师，教授级高级工程师

樊世英　东方电机有限公司原总工程师，教授级高级工程师

陈锡芳　东方电机有限公司原总设计师，教授级高级工程师

唐　澍　中国水利水电科学研究院机电所原所长，教授级高级工程师

刘彦红　成都勘测设计研究院教授级高级工程师

袁达夫 *　长江勘测规划设计研究院原常务副院长，教授级高级工程师

胡　瑜　哈尔滨电机厂有限责任公司原副总工程师，教授级高级工程师

汪大卫　东方电机控制设备有限公司总设计师，高级工程师

胡伟明　中国长江三峡集团有限公司机电工程局副局长，教授级高级工程师

呼淑清　中国机械工业联合会重大装备办公室高级工程师

邵建雄　长江勘测规划设计研究有限责任公司机电设计处处长，教授级高级工程师

　张　猛　西安西电开关电气有限公司教授级高级工程师

　李　正　国家水力发电设备工程技术研究中心教授级高级工程师

（注："＊"指参加 1986 年论证人员）

## 工　作　组

**组　长：** 李　正　（兼）国家水力发电设备工程技术研究中心教授级高级工程师

**成　员：** 王　波　国家水力发电设备工程技术研究中心教授级高级工程师

　　　　刘景旺　长江勘测规划设计研究有限责任公司机电设计处副处长，教授级高级工程师

　　　　赵银汉　保定天威保变电气股份有限公司教授级高级工程师

　　　　王建刚　国家水力发电设备工程技术研究中心高级工程师

　　　　高　欣　国家水力发电设备工程技术研究中心高级工程师

　　　　毛昭元　西安西电开关电气有限公司工程师

　　　　宫海龙　国家水力发电设备工程技术研究中心工程师

　　　　唐数理　国家水力发电设备工程技术研究中心经济师

　　　　李任飞　国家水力发电设备工程技术研究中心高级工程师

　　　　王立贤　国家水力发电设备工程技术研究中心高级工程师

　　　　范吉松　国家水力发电设备工程技术研究中心高级工程师

　　　　朴美花　国家水力发电设备工程技术研究中心工程师

　　　　董慧莹　国家水力发电设备工程技术研究中心工程师

# 报　告　十一

# 移民评估课题简要报告

根据中国工程院的总体安排，本课题重点评估三峡工程移民安置实施情况、移民安置支持政策实施情况、库区经济社会发展情况，总结移民工作经验，提出下一步工作建议。

本课题评估的范围是三峡工程库区和外迁移民安置区。三峡工程库区包括湖北省夷陵区、秭归县、兴山县、巴东县等 4 县（区），重庆市巫山县、巫溪县、奉节县、云阳县、万州区、开州区、忠县、石柱土家族自治县、丰都县、涪陵区、武隆区、长寿区、渝北区、巴南区、江津区等 15 县（区），以及重庆主城区。外迁移民安置区主要包括上海、江苏、浙江、安徽、福建、江西、山东、湖北、湖南、广东、四川、重庆等 12 个省（直辖市）。

本课题评估依据《长江三峡工程建设移民条例》《长江三峡工程水库淹没处理及移民安置规划大纲》及有关法律法规、规程规范和技术标准、规划计划、验收报告等文件，坚持尊重历史、实事求是、系统科学、客观公正的原则，通过资料收集、现场调研、资料汇总、综合分析、撰写报告、咨询研讨、征求意见等方法步骤，完成了移民评估课题报告。

## 一、移民工作概况

国家高度重视三峡工程移民安置工作，1985—1992 年开展了移民安置试点工作，1994—1998 年编制完成了初步设计阶段的《长江三峡工程水库淹没处理及移民安置规划报告》，1993 年国务院颁布实施了《长江三峡工程建设移民条例》，2001 年根据发展变化的情况对条例进行了修订。三峡工程建设，实行开发性移民方针，实行国家扶持、各方支援与自力更生相结合的原则，实行"统一领导、分省（直辖市）负责、以县为基础"和移民任务、移民资金"双包干"的管理体制机制。1993 年移民安置正式开始，分 4 期连续实施，分别与大江截流、135m 蓄水、156m 蓄水和 175m 蓄水的工程建设进度相协调。至

2009 年年底，初步设计移民安置规划任务如期完成；至 2013 年年底，移民安置规划任务全面完成，为三峡水库试验性蓄水、安全运行和综合效益发挥奠定了坚实基础。

## 二、移民安置实施情况评估

三峡工程移民安置规划任务全面完成，达到或超过了规划标准，实现了规划目标。累计完成城乡移民搬迁安置 129.64 万人，是规划任务的 104.09％。其中重庆库区 111.96 万人，湖北库区 17.68 万人；复建各类移民房屋5054.76 万 m²。移民安置规划确定的农村移民安置、城（集）镇迁建、工矿企业处理、专项设施迁（复）建、文物古迹保护、滑坡处理、环境保护等任务全部完成。

### （一）农村移民安置

完成农村移民搬迁安置 55.07 万人，复建房屋 1813.93 万 m²，分别是规划任务的 100％ 和 104.27％；完成生产安置 55.52 万人，是规划任务的100％。农村移民搬迁安置采取县内安置和外迁安置相结合，以县内安置为主的方式，其中县内安置 35.45 万人，外迁安置 19.62 万人。农村移民搬迁后的居住条件、基础设施和公共服务设施明显改善，生产安置得到落实，生产扶持措施已见成效，生活水平逐步提高。

### （二）城（集）镇迁建

完成城（集）镇迁建 118 座，其中城市 2 座，县城 10 座，集镇 106 座。共完成迁建区面积 7238.42hm²，是规划任务的 115.89％。共搬迁人口 73.84万人，是规划任务的 107.41％；复建房屋 2473.26 万 m²，是规划任务的130.25％。城（集）镇迁建不仅恢复了原有功能，而且实现了跨越式发展，整体面貌焕然一新。

### （三）工矿企业处理

需要迁（改）建的 1632 家工矿企业已全部按国家有关规定得到妥善处理。其中，搬迁改造 388 家，破产关闭 924 家，一次补偿销号 320 家；复建或补偿房屋面积 767.57 万 m²；搬迁户口在厂人口 7299 人［仅包括中央直属企业、香溪河矿务局，其他企业人口已统计在城（集）镇人口中］。工矿企业处理结合库区产业结构调整取得了较好的效果。

### （四）专项设施迁（复）建

移民安置规划确定的移民安置区公路、桥梁、港口、码头、水利工程、电力设施、电信线路、广播电视等专项设施迁（复）建任务全部完成，不仅全面恢复了原有功能，布局更加合理，而且规模和等级也得到了提高，功能和作用已较淹没前有了较大程度的改善，有力保障了移民搬迁安置和库区经济社会发展需要。

### （五）文物古迹保护

完成文物保护项目 1128 处，占规划任务的 103.77％，其中地面文物保护项目 364 处、地下文物保护项目 764 处，完成发掘面积 178.85 万 $m^2$。一批国家级重点文物得到恢复和保护，保存了大量实物资料，推动了库区文化事业与文化产业的发展。

### （六）滑坡处理

在移民搬迁安置实施过程中，用移民安置规划内的资金完成库区崩滑体处理 13 个、边坡防护项目 62 个。结合《三峡库区地质灾害防治总体规划》实施，在移民迁建区实施了近 3000 处高切坡治理。2008 年至 2013 年年底，因水库试验性蓄水影响，完成搬迁安置塌岸滑坡影响人口 9463 人，保障了人民群众生命财产安全和水库安全运行。

### （七）环境保护

移民安置规划确定的库区及移民安置区水土保持、城（集）镇迁建环境保护、人群健康保护、生态建设、生态环境监测与管理等，结合国家专项规划实施，取得了积极的效果。

### （八）库底清理

完成卫生清理 45.21 万处，各类房屋面积清理 3755.2 万 $m^2$，成片林木清理 1729.53 万 $m^2$、零星林木清理 645.84 万株，均超额完成规划任务。

### （九）移民资金使用

截至 2013 年 12 月底，中央累计拨付移民资金 852.62 亿元，占移民总投资的 99.54％。根据审计署公布的审计结果：三峡工程投资控制有效，静态投资控制在批复概算内，实际投资完成额控制在测算的动态投资范围内，工程建设和资金管理总体规范，竣工财务决算草案基本真实合规。

### （十）移民档案管理

建设移民档案专用库房 1.24 万 $m^2$，累计形成各类档案 193.23 万卷、116.31 万件，留存了大量较为完整的移民安置历史资料。

### （十一）土地征用手续办理情况

三峡工程建设征收土地共计 719.66km²，都按国家法律法规有关规定办理了土地征收征用手续。

## 三、移民安置支持政策实施情况评估

### （一）对口支援政策

从 1992 年开始，全国共有 59 个中央部门和单位、20 个省（自治区、直辖市）、10 个大城市积极开展对口支援三峡工程库区移民安置工作。截至 2013 年 12 月底，全国对口支援共为三峡库区引进资金 1501.50 亿元，其中经济建设类项目资金 1449.11 亿元、社会公益类项目资金 52.39 亿元；共安排移民劳务输出 9.89 万人次，培训干部 5.02 万人次，交流各类人才 1105 人次，有力地促进了三峡工程移民安置和库区经济社会发展。

### （二）后期扶持政策

按照国家有关规定先后征收使用后期扶持基金、移民专项资金、三峡库区基金，实施了全国大中型水库移民后期扶持政策，直接增加了农村移民收入，解决了移民生产生活存在的突出困难问题，进一步改善了库区和移民安置区基础设施和公共服务设施条件。

### （三）工矿企业处理支持政策

国家先后出台了技改专贷、工矿企业结构调整和国有工矿企业关闭破产职工安置专项补助等政策，减轻了企业再生发展负担，促进了工矿企业处理的顺利推进。

### （四）库区发展支持政策

国家出台了三峡库区水利专项资金、三峡库区产业发展基金及三峡库区电力扶持专项资金等政策，对推动库区水利基础设施建设和产业发展起到了积极作用。

### （五）税费支持政策

国家先后出台了三峡工程库区移民耕地占用税、三峡库区自用物资进口税收返还、三峡电站税收分配以及土地出让金等税费支持政策，减轻了三峡工程建设筹资压力，对促进城镇迁建和功能恢复、库区建设、移民搬迁安置发挥了积极作用。

## 四、库区经济社会发展情况评估

### （一）经济发展

1992—2013 年，三峡工程库区 19 县（区）生产总值年均增长率为 18.85％，公共财政预算收入年均增长率为 19.11％，均超过同期湖北省、重庆市和全国平均水平。库区三次产业结构由 40：30：30 调整到 10：55：35，第一产业结构优化，第二产业大幅提升，第三产业不断发展。

### （二）城镇化水平

1992—2013 年，三峡库区的城镇化率由 10.68％提高到 52.18％，以平均每年 1.98 个百分点的速度发展，高于全国同期平均发展速度。2013 年三峡库区 12 座县城（城市）建城区面积 259.2km²，常住人口 282.45 万人，分别是 1992 年的 6.52 倍和 3.58 倍。

### （三）基础设施

三峡库区高速公路、铁路、机场从无到有，长江黄金水道优势进一步凸显，基本形成"公铁水空"一体化的综合交通体系。库区供电能力、电网标准和等级大幅提高。城乡供水综合生产能力增强。库区邮电通信、广播电视事业迅速发展。

### （四）城乡居民生活

2013 年，库区农村居民人均纯收入 8342 元，是 1992 年的 14.48 倍，年均增长率 13.57％，高于全国同期年均增长率；库区城镇居民人均可支配收入 23204 元，是 1992 年的 13.46 倍，年均增长率 13.18％，接近全国同期年均增长率。库区农村居民人均住房面积 43.8m²，城镇居民人均住房面积 35.9m²，分别比 1992 年增加 20m² 和 16.3m²。

### （五）社会事业

2013 年，库区小学专任教师生师比为 16.7：1，初中生师比为 14.6：1，接近全国平均水平。库区卫生技术人员数、卫生机构床位数、医师数量成倍增长。库区每个区县拥有一所博物馆、公共图书馆、文化馆，体育场地设施建设和健身器材配置趋于完善。

## 五、移民工作经验总结

三峡工程移民工作积累了宝贵经验。一是坚持发挥社会主义制度的优越性，是做好三峡工程移民工作的根本保证；二是坚持开发性移民，是做好三峡工程移民工作的基本方针；三是坚持依法移民，是做好三峡工程移民工作的基本准绳；四是坚持政府负责，是做好三峡工程移民工作的组织保障；五是坚持与时俱进，是做好三峡工程移民工作的客观需要；六是坚持尊重移民的主体地位，是做好三峡工程移民工作的基本要求；七是弘扬顾全大局、无私奉献的精神，是做好三峡工程移民工作的精神动力；八是加强移民工作管理干部队伍建设，是做好三峡工程移民工作的重要措施。

## 六、有关情况的说明

### （一）坝区征地移民安置情况

三峡工程坝区施工征地涉及湖北省宜昌市夷陵区和秭归县。征地红线面积为 15.28km²。规划搬迁安置城乡移民 13500 人，农村移民生产安置 11166 人，由三峡集团公司分别与夷陵区和秭归县人民政府签订协议组织实施。累计完成坝区城乡移民搬迁安置 13907 人（含农村移民 13142 人，集镇居民和单位移民 765 人），农村移民生产安置 13867 人。

为满足三峡枢纽工程施工用地需要，坝区移民采取"先移后安""农转非为主"的方式应急搬迁。2005 年和 2007 年，为妥善解决移民安置点基础设施不完善、就业和生计困难等问题，三峡建委先后印发有关文件，对 729 人原二、三产业和自谋职业安置移民进行二次外迁农业安置，对移民安置居民点基础设施进行完善，对 2224 人实行了基本生活保障，对 10495 人实行了养老保险补助。这些政策的实施，有效地提高了移民安置质量，坝区征地移民总体稳定。

### （二）后续工作规划情况

为了确保三峡工程长期安全运行和持续发挥综合效益，提升其服务国民经济和社会发展能力，更好更多地造福广大人民群众，根据国家对三峡工程及库区的战略定位，2011 年 5 月，国务院批准了《三峡后续工作规划》，规划实施期为 2011—2020 年，总投资 1238 亿元。规划任务的重点是移民安稳致富和促进库区经济社会发展、库区生态环境建设与保护、库区地质灾害防治。2014 年 12 月，国务院批准了《三峡后续工作规划优化完善意见》，坚持原规划确定的目标、主要任务、投资总规模和结构保持不变的原则，优化库区部分规划内容，重点支持"三带一区"建设，即打造库区水污染防治和库周生态安全保护带、城镇功能完善和城镇安全防护带、重大地质灾害治理和地质安全防护带，集中开展城镇移民小区综合帮扶，努力保障库区安全、民生和稳定。

## （三）移民信访情况

2000—2013 年，国务院三峡办及有移民安置任务的地方各级移民管理机构共受理移民来信来访 13.14 万件（次），平均每年 0.94 万件（次）。移民信访以政策咨询为主，反映的主要问题有实物补偿、移民生计、基础设施及移民融入四大类。绝大多数移民信访问题都得到了妥善处理。总体上，三峡移民信访总量趋于平稳，近年来基本呈下降趋势，总体形势稳定可控，但仍不能放松移民信访工作，慎重出台针对三峡移民的特殊政策。

# 七、总体评估结论

经过 21 年的艰苦努力，成功实现了三峡工程百万移民的搬迁安置，移民安置规划确定的目标已经实现，移民生产生活条件较搬迁前明显改善，移民收入总体上已达到当地居民平均水平，库区经济社会得到跨越式发展，移民工程经受了试验性蓄水检验。移民评估的总体结论是：三峡工程移民实现了全部搬得出、总体稳得住、逐步能致富的阶段性目标。但要把三峡库区建成经济繁荣、社会和谐、环境优美、人民安居乐业的新库区，实现全面安稳致富，任务还十分艰巨。

（1）三峡工程移民安置规划任务全面完成，达到或超过了规划标准，实现了规划目标。移民工程质量良好，移民工程投资有效控制，工程建设和资金管理总体规范，有力地保障了三峡工程建设的顺利进行和综合效益的发挥。

（2）三峡工程移民总体上得到了妥善安置。移民生产生活条件较搬迁前明显改善，移民收入总体上已达到当地居民平均水平。移民安置经受了水库试验性蓄水运行的检验，库区和移民安置区经济社会稳定发展。

（3）三峡工程建设为库区经济社会发展提供了历史性机遇。库区城乡住房明显改善，基础设施和公共服务设施跨越式提升，城乡面貌焕然一新，产业结构调整升级得到推进，社会事业取得长足进步，库区经济社会实现了快速发展。

（4）三峡工程移民安置各项支持政策取得了良好成效。国家确定的三峡工程移民安置各项支持政策措施得到了较好落实，为三峡工程移民"搬得出、稳得住、逐步能致富"和推动库区社会经济的可持续发展发挥了积极作用。

（5）三峡工程移民前期工作为移民安置实施奠定了科学基础。三峡工程移民前期工作基本符合实际，安排总体可行，为移民安置实施奠定了基础，为库区经济社会建设与发展发挥了重要的作用。

（6）三峡工程移民工作管理体制机制科学有效。三峡工程建设移民工作实行统一领导、分省（直辖市）负责、以县为基础的管理体制，适应了市场经济条件下水库移民管理的需要，较好地处理了中央和地方在移民工作中的权责关系，充分调动和发挥了地方各级政府的积极性，也较好地平衡了地方和工程业主的利益关系。

（7）三峡工程移民工作积累了大量的宝贵经验。移民工作在移民方针政策、管理体制机制、监督管理体系等方面积累的宝贵经验，为三峡工程后续工作和其他大型水利工程移民工作提供了借鉴。

（8）三峡工程移民安稳致富任重道远。三峡工程移民虽然总体得到妥善安置，但在移民生计、库区发展、地质灾害防治和生态环境保护等方面还存在一些问题，实现库区移民全面安稳致富目标任务还十分艰巨。

## 八、建议

三峡工程移民安置工作为工程顺利建成并发挥综合效益创造了良好条件，但要把三峡库区建设成为经济繁荣、社会和谐、环境优美、人民安居乐业的新型库区，目前还存在一些问题：一是库区人多地少的基础性矛盾突出，少数农村移民生活困难；部分进城（集）镇安置的农村移民、城（集）镇迁建新址占地人口、靠门面经营为生的城镇居民和企业下岗职工等"四民"就业增收困难；少数外迁移民搬迁后尚未完全融入当地社会、经济、文化体系。二是库区产业发展基础差，经济总量小，经济社会发展水平整体偏低。三是库区地形地貌与岸坡的地质结构复杂，存在地质安全风险，水库蓄水库岸再造引起的塌岸、滑坡不同程度地影响库周群众的生产生活。四是库区部分城（集）镇污水和垃圾处理设施不完善，农村面源污染控制难度较大，少数支流库湾有水华现象发生。五是水库涉及面广、情况复杂，综合管理难度较大。这些问题有的已在三峡后续工作规划中进行了安排，有的还需进一步研究，妥善解决。为此，提出如下建议：

（1）继续做好移民安稳致富工作。加强城镇移民小区综合帮扶。进一步完善库区基础设施和公共服务设施。加大职业教育和技能培训力度，促进移民创业增收。

（2）大力推进库区经济社会发展。要多渠道筹集资金，加大对库区的投入力度。研究制定促进库区生态旅游、生态工业和生态农业发展的政策措施。

（3）大力开发旅游资源，营造库区强势旅游产业。要科学制定三峡库区旅游规划，改善旅游环境，优化旅游开发与经营，打好长江三峡世界旅游品牌，带动库区经济社会发展和移民安稳致富。

（4）实施以劳动力转移为主要途径的库区人口转移战略。实现三峡库区经济社会可持续发展目标，最根本的出路是减少库区人口。要制定有效吸纳三峡库区劳动力的机制，引导库区人口向库区外转移落户，严格控制库区人口规模，减轻库区生态环境承载压力。

（5）进一步加强蓄水影响处理和城镇地质安全防范工作，抓紧研究完善相关措施，妥善安置蓄水影响人口，抓紧研究落实蓄水安全监测防范和蓄水影响应急处理经费。进一步健全群测群防和专业监测预警体系，完善应急处置预案。严格控制大城市模式的建设，积极推进现代化中小城镇建设。

（6）进一步加强三峡库区生态环境建设与保护。完善库区城（集）镇和农村集中居民点污水、垃圾处理设施建设，落实库区环保设备设施运行维护资金。加快水华治理研究工作。开展生态清洁型小流域建设。

（7）进一步加强水库和移民管理工作。抓紧研究制定三峡水库管理法规。要将三峡工程农村移民纳入库区和移民安置区大中型水库移民工作统一管理，统筹解决有关问题。完善三峡后续规划实施管理，优化资金使用结构，提高项目扶持精准度。进一步加强三峡后续工作规划实施的监测评估工作。

# 主 要 参 考 文 献

[1] 中国工程院三峡工程阶段性评估项目组. 三峡工程阶段性评估报告 [M]. 北京：中国水利水电出版社，2009.

[2] 国务院三峡工程建设委员会编委会. 三峡库区移民统计资料汇编（1992—2009 年）[R]. 国务院三峡工程建设委员会办公室，中华人民共和国国家统计局，2011.

[3] 长江三峡水利枢纽工程竣工移民安置环境保护项目组. 长江三峡水利枢纽工程竣工环境保护验收——移民安置环境保护调查专题报告 [R]. 中国长江三峡集团有限公司，2014.

[4] 中国工程院三峡工程试验性蓄水阶段评估项目组. 三峡工程试验性蓄水阶段性评估报告 [M]. 北京：中国水利水电出版社，2014.

[5] 长江工程监理咨询有限公司. 三峡工程 2013 年试验性蓄水库区受影响及处理情况专项监测报告 [R]. 国务院三峡工程建设委员会办公室水库司，2014.

[6] 长江工程监理咨询有限公司. 三峡库区农村移民生产生活水平监测报告 [R]. 国务院三峡工程建设委员会办公室规划司，2001—2014.

[7] 重庆市统计局，国家统计局重庆调查总队. 重庆统计年鉴 1992—2014 年 [M]. 北京：中国统计出版社，1992—2014.

[8] 湖北省统计局，国家统计局湖北调查总队. 湖北统计年鉴 1992—2014 年 [M]. 北京：中国统计出版社，1992—2014.

附件：

# 课题组成员名单

## 专　家　组

组　　长：敬正书　水利部原副部长，中国水利学会理事长，教授级高级工程师

副组长：唐传利　水利部水库移民开发局局长，教授级高级工程师

刘冬顺　水利部水库移民开发局副局长，研究员

陈　伟　水利部水利水电规划设计总院副院长，教授级高级工程师

成　　员：魏津生　国务院参事

傅秀堂　水利部长江水利委员会原副主任，教授级高级工程师

袁松龄　国务院南水北调办征地移民司司长

邓一章　国务院三峡工程建设委员会办公室原巡视员

王应政　贵州水利水电工程移民局局长，教授级高级工程师

葛兰环　水利部水库移民开发局原副巡视员

张根林　水利部水利水电规划设计总院原处长，教授级高级工程师

龚和平　水电水利规划设计总院副院长，教授级高级工程师

潘尚兴　水利部水利水电规划设计总院处长，教授级高级工程师

吴国宝　中国社科院农村发展研究所主任，研究员

黄真理　国家水电可持续发展研究中心主任，教授级高级工程师

施国庆　河海大学公共管理学院院长，教授

胡宝柱　华北水利水电大学水利学院党委书记，教授

张华忠　长江工程监理咨询有限责任公司董事长，教授级高级工程师

周运祥　长江工程监理咨询有限责任公司总经理，教授级高级工程师

尹忠武　长江勘测规划设计研究有限责任公司副总工程师，教授级高级工程师

王　奎　中国电建集团中南勘测设计研究院有限公司副总工程师，教授级高级工程师

# 工　作　组

组　长：刘冬顺　水利部水库移民开发局副局长，研究员

副组长：周运祥　长江工程监理咨询有限责任公司总经理，教授级高级工程师

　　　　靳宏强　水利部水库移民开发局处长

　　　　齐美苗　长江勘测规划设计研究有限责任公司工程移民规划研究院院长，教授级高级工程师

　　　　左　萍　黄河水利委员会移民局副局长，教授级高级工程师

成　员：杨德菊　湖北省移民局原巡视员

　　　　陈联德　重庆市移民局原副局长，教授级高级工程师

　　　　李　红　水利部水库移民开发局处长，高级工程师

　　　　董慧丽　水利部水库移民开发局工程师

　　　　陈　锐　中国水利学会副处长高级工程师

　　　　张春亮　中水移民开发中心工程师

　　　　李莹琛　中水移民开发中心工程师

　　　　余　勇　长江工程监理咨询有限责任公司副总工程师，教授级高级工程师

　　　　黎爱华　长江工程监理咨询有限责任公司主任，高级工程师

　　　　李军朝　长江工程监理咨询有限责任公司副主任，高级工程师

　　　　马奕仁　长江工程监理咨询有限责任公司高级工程师

　　　　李德刚　长江工程监理咨询有限责任公司工程师

　　　　杨威威　长江工程监理咨询有限责任公司工程师

　　　　李　庆　长江工程监理咨询有限责任公司工程师

　　　　王迪友　长江勘测规划设计研究有限责任公司工程移民规划研究院总工程师，教授级高级工程师

　　　　蒋建东　长江勘测规划设计研究有限责任公司工程移民规划研究院部长，教授级高级工程师

　　　　杨荣华　长江勘测规划设计研究有限责任公司工程移民规划研究院高级工程师

　　　　兰荣蓉　长江勘测规划设计研究有限责任公司工程移民规划研究院高级工程师

# 报 告 十 二

# 社会经济效益评估课题简要报告

三峡工程从论证到建成经历了很长的时间跨度，在工程建设期间我国经济社会环境变化较大，工程本身的规划设计也有所变更，因而投资概算也作了多次调整。本次评估对象是 1992 年水利部长江水利委员会编制的《长江三峡水利枢纽可行性研究专题报告》（第十一分册　经济分析与评价）、三峡建委 1993 年批准的《长江三峡水利枢纽初步设计报告（枢纽工程）》（以下简称"《初设报告》"），以及三峡建委 2003 年对输变电工程和 2007 年对移民工程的投资概算调整的批复方案。

## 一、财务经济效益分析

### （一）投资控制效果良好

三峡工程包括枢纽工程、移民工程、输变电工程（其中枢纽工程和移民工程为主体工程，输变电工程为配套工程）。在各项工程开工初期，批复的《初设报告》确定的工程静态投资概算为 1176.22 亿元（1993 年 5 月价格；其中主体工程为 900.90 亿元，输变电工程为 275.32 亿元），预测的动态投资为 2628.92 亿元（预计 2009 年建成价；其中主体工程为 2039.50 亿元，输变电工程为 589.42 亿元）。经调整后批准的工程静态投资概算为 1352.66 亿元（其中主体工程为 1029.92 亿元，输变电工程为 322.74 亿元），基于调整后的静态投资概算计算的动态投资预测数为 2723.74 亿元（枢纽工程增加为 1087.34 亿元，移民工程为 1241.89 亿元，输变电工程为 394.51 亿元）。三峡工程按照批准的初步设计建设内容，实际完成静态投资为 1352.66 亿元，与《初设报告》确定的概算相比，增加了 176.44 亿元（其中移民工程增加 129.02 亿元，输变电工程增加 47.42 亿元），但保持在经调整后批准的工程概算之内；经审计署审定的动态投资实际完成 2072.76 亿元（其中枢纽工程 788.88 亿元，移民工程 939.60 亿元，输变电工程 344.28 亿元），和《初设报告》确定的与静态投资概算对应的动态投资预测数相比，减少 556.16 亿元，减少率为 21%；和调整后与静态投资概算对应的动态投资预测数相比减少 650.98 亿元，减少率为 24%（主要是由于价差和利息支出低于预期）。与 1992 年提交全国人大审议的投资额相比，枢纽工程投资控制较好，移民工程和输变电工程因社会经济环境的变化对有关政策、项目规划和功能定位进行了一定程度的调整，造成投资增加较多。2003 年经三峡建委批准，将初设原定预留的地下电站提前开工建设，并于 2012 年 7 月全部建成投产。地下电站安装 6 台 70 万 kW 水轮发电机组，设计静态概算为 69.97 亿元（2004 年二季度价格水平），竣工决算总投资为 68.09 亿元；2009—2010 年经三峡建委批准，地下电站配套输变电工程设计静态概算为 83.83 亿元（1993 年 5 月末价格水平），竣工决算总投资为 79.32 亿元，均在国家批准概算的控制范围内。

总体来说，不包括地下电站及其配套工程，三峡工程实际竣工决算总投资 2072.76 亿元；包括地下电站及其配套工程，三峡工程实际竣工决算总投资约为 2220 亿元。得益于工程前期扎实的论证和设计工作、工程建设期间良好的国内宏观经济环境，参建各方的科学管理、科技创新，以及"静态控制、动态管理"的投资管理模式，三峡工程投资得到了有效控制，各项投资均控制在经批准的概算之内。

### （二）资金来源主体多元化

三峡工程投入资金 2072.76 亿元，其中三峡基金 1615.87 亿元，向长江电力股份有限公司出售发电机组收入 348.65 亿元，电网收益再投入 106.38 亿元，基建基金等专项拨款 1.86 亿元。同时，在建设过程中，建设方还通过银行贷款、发行企业债券等方式筹措债务资金，弥补了建设投资和资金来源时间不匹配产生的临时资金缺口（债务资金目前已全部偿还）。三峡工程通过多主体和多渠道的融资方式，有效解决了工程建设所需的资金。多主体主要表现在来源主体多元化，如三峡基金来源于众多电力用户、银行贷款和出口信贷来自多家银行、三峡债券来自全体认购者等；多渠道主要体现在权益融资和债务融资相结合、直接融资和间接融资相结合，以及政策性融资和市场性融资相结合。

### （三）经济效益显著发挥

三峡工程是开发和治理长江流域的关键性骨干工程，发挥了巨大的防洪、发电、航运、补水等经济、社会和生态效益。

#### 1. 防洪减灾效益巨大，为区域发展提供了基础性安全保障

三峡工程有效控制了川江洪水，提升了长江中下游的防洪能力，保护了人

民生命财产安全，保障了经济社会发展和人民安居乐业。初步估算，仅 2008—2013 年期间，三峡工程累计产生的防洪经济效益就高达 925.2 亿元。

### 2. 发电供电效益显著，促进了全国电网互联互通

三峡工程发电有效缓解了华中、华东及广东等地区的供电紧张局面，为国民经济发展作出重大贡献。三峡电站是世界上装机容量最大的电站，总装机容量 22500MW，设计多年平均年发电量 882 亿 kW·h。自 2003 年首台机组投产以来，截至 2013 年年底，三峡电站累计发电量 7119.69 亿 kW·h，实际上网电量 7056.91 亿 kW·h，分别向华中（含重庆）、华东和广东送电 2920.32 亿 kW·h、2775.11 亿 kW·h 和 1361.48 亿 kW·h；实现售电收入（含税）1830.6 亿元，输变电工程累计实现过网收入 494.5 亿元。三峡电站在全国大联网格局中发挥着输电枢纽、电网支撑等重大作用，对全国电网联网起到了巨大的推动作用，使全国联网的格局基本形成，提升了全国范围内能源保障能力。

### 3. 极大改善了川江通航条件，推动了航运迅猛发展

三峡工程建成后极大地改善了三峡库区、长江中游宜昌至武汉段的通航条件，显著提高了长江航运安全水平，航道通过能力大大提升，降低了运输成本，使得长江真正发挥"低成本、大运量"的黄金水道作用，水运已成为三峡库区的主要运输方式，加速推进上游水运和沿江经济快速发展。初步估算 2003—2013 年期间，三峡工程累计产生约 162.42 亿元（含区间运量）的航运效益。

### 4. 有效促进了洪水资源化利用，供水补水效益巨大

三峡水库蓄水至正常蓄水位 175m 后，形成了库容近 393.0 亿 $m^3$ 的巨型水资源储备库，三峡工程的生态补水和抗旱功能得到更充分的发挥和体现，有效缓解了长江中下游生活、生产、生态用水紧张局面，有力地改善了长江中下游的通航条件。2003—2013 年三峡水库为下游补水总量达到了 904 亿 $m^3$。

### 5. 有效改善了电源结构，节能减排效益明显

2012 年三峡电站全部机组投产，发电量 981.2 亿 kW·h，占全国水电的比例约为 11.4%，占全国发电量的比例约为 1.95%，为优化我国电源结构，提高非化石能源消费占比，增加清洁能源的供应能力，作出了重要贡献。三峡电站建设有效替代火力发电，节能减排效益明显。据统计，2003 年 7 月至 2013 年年底三峡电站累计发电 7119.69 亿 kW·h，与火电相比，节约标煤 2.4 亿 t，减少二氧化碳排放 6.1 亿 t，减少二氧化硫排放 655.0 万 t，减

少氮氧化物排放 187.7 万 t，并减少了大量废水、废渣排放。2003—2013 年累计获得脱硫、脱硝和除尘等环保效益 192.2 亿元（不含二氧化碳减排效益）。

### （四）财务和国民经济效果好、风险低

#### 1. 财务效果良好

1992 年《长江三峡水利枢纽可行性研究报告》财务评价主要结论是，按上网电价 0.194 元/(kW·h)（1992 年价格水平）计算，三峡工程建成后每年可实现利税总额 105.1 亿元，财务内部收益率 10%，贷款偿还期 15.5 年，投资回收期 20.4 年。说明三峡工程虽然总投资大、总工期长，但发电量多、成本低、收益高，且在建设期即可受益，因此财务收益大，还贷能力强，对国家的贡献大，能获得较好的财务效益。

本次财务评估的结论是，三峡工程内部收益率（所得税前）为 8.6%，大于现行社会折现率 7%；净现值为 278.23 亿元，大于零；投资回收年限（所得税前）为 21 年，说明三峡工程在财务上具有可行性，与《初设报告》结论一致。

#### 2. 国民经济评价效果突出

1992 年《长江三峡水利枢纽可行性研究报告》国民经济评价主要结论是经济内部收益率 14.86%，大于社会折现率 12%，经济净现值 120.03 亿元，大于零，说明三峡工程的国民经济效益较好。从国民经济整体角度衡量，兴建三峡工程经济上是合理的、有利的。

本次国民经济评估的结论是，三峡工程经济内部收益率为 12.17%，大于现行社会折现率 7%；经济净现值为 1434.94 亿元，远大于零；经济效益费用比为 1.80，大于 1，说明三峡工程的国民经济效益显著，与《初设报告》结论一致。

#### 3. 风险低并具有可持续性

原敏感性和风险分析的结论是，无论是财务评价还是国民经济评价，三峡工程各项经济因素向不利方向变化一定幅度均不会改变工程经济评价的结论——三峡工程建设的经济风险很小。

本次评估的敏感度分析结果表明，三峡工程建设和运营的风险低，具有可持续性，与《初设报告》结论一致。

### （五）促进了区域经济增长和结构优化

三峡工程通过投资显著地促进了三峡坝区和库区乃至湖北省和重庆市以及受电地区（华东、华中和广东等）的经济发展，这些地区的经济增速均超过了

全国同期平均增速，同时推动了地区产业结构不断优化。1997年、2002年和2007年，三峡工程分别拉动湖北省总产值增加87.22亿元、77.41亿元、22.44亿元，分别拉动重庆市总产值增加33.16亿元、166.91亿元、44.57亿元。三峡工程投资带动建筑业及其后向关联的非金属制品业、冶金工业和前向关联的金融业等行业产值大幅增长。2008—2012年，三峡工程向华中、华东和广东等地区送电4169亿kW·h，分别支撑当地实现GDP 20763.05亿元、18033.06亿元和7340.08亿元。

### （六）坚持"以我为主"的技术创新模式，实现管理体制创新

三峡工程建设中，始终坚持"以我为主"的技术创新模式，在引进技术和装备的基础上消化吸收实现自主创新。枢纽工程获国家级科技成果奖21项、专利700余项，通过自主研发，大型水电机组的转轮水力设计、机组全空冷技术等关键核心技术达到国际领先水平。输变电工程获国家科技进步一等奖1项、专利135项，实现重大自主创新170项，全面提升了我国输变电工程设计、制造、施工及运行管理水平。为适应我国经济体制改革要求，三峡工程建立了"政府主导、企业管理、市场化运作"的组织管理体制和"静态控制、动态管理"的投资管控模式。工程立项之初就创新性地采取项目法人责任制，最早和最全面采用招标投标制、建设监理制、合同管理制、项目资本金制等投资控制体系。

### （七）推动我国迈入"水电强国"，并带动相关行业发展

依托三峡工程，国内仅用7年时间就掌握70万kW水轮发电机组的核心制造技术，实现自主生产，并将其成功应用于溪洛渡、向家坝等水电站。我国水电行业已经具备了与世界一流水电设备制造商同台竞争的能力，三峡工程建设促进了我国从"水电大国"迈入"水电强国"。同时，我国水电依托国内在设计、施工、设备制造技术和融资等方面的优势，通过提供咨询、设计、成套设备、投资等形式走向海外，打破了西方国家大型承包企业垄断国际水电市场的局面，实现了中国水电"走出去"的跨越式发展。

三峡工程建设持续时间长，工程量巨大，涉及范围和行业较多。三峡工程推动了库区水运业发展，为构建现代化的库区水运体系创造了基础条件，对构建长江经济带综合立体交通走廊具有促进作用；通过对外开放、技术引进、消化吸收和自主创新，推动了三峡工程大型机电装备的国产化，并带动国内机电装备设计与制造水平实现了跨越式发展。工程建设对建筑材料产生大量需求，促进了建材工业的快速发展；以工程大型铸锻件研制为契机，我国金属结构行业设计、制造水平有些已达到或超过世界水平。

## 二、社会发展影响分析

### （一）库区发展水平不断提高

#### 1. 库区社会发展迅速，基础设施不断完善

库区地方财政收入稳步提高，1992—2013 年库区地方财政收入从 8.13 亿元增长到 691.32 亿元，年均增长 23.56%，超过同期全国平均增速。库区已经形成水陆空并存的立体交通新格局，库区的电力、通信、广播电视网络等基础设施也改善明显。此外，库区内基础教育、文化生活、医疗卫生等公共服务水平也得到不断提升。

#### 2. 库区城乡居民收入和生活水平显著提高

1992—2013 年库区城镇居民人均可支配收入由 1720 元增长至 23204 元，年均增长 13.18%。1992—2013 年库区农村居民人均纯收入由 576 元增长至 8342 元，年均增长 13.57%。库区城乡居民收入差距逐步缩小，储蓄存款大幅增加，住房条件逐步改善。库区城乡居民收入和生活水平虽得到显著提高，但与湖北省、重庆市和全国平均水平仍有差距。

#### 3. 库区就业结构优化，社会保障水平提升

建设期内，就业人数整体上呈现下降趋势；试验性蓄水期，库区就业人数呈现稳步增长趋势。库区就业结构从以第一产业为主逐步演变为以第三产业为主，三次产业就业比例从三峡工程开工前 1992 年的 75∶12∶13 逐步调整到 2013 年的 32∶32∶36。库区社会保障水平不断提升，城乡低保覆盖面不断扩大。

#### 4. 库区城镇化进程明显加快，城镇化率显著提高

1992—2013 年，库区城镇化率从 10.68% 提高至 52.18%，年均增长 1.98%，高出同期全国平均发展速度。其中，湖北库区城镇化率年均增长 7.2%，重庆库区城镇化率年均增长 5%，分别高于同期湖北省、重庆市和全国平均增长水平。库区城镇化率与所在省（直辖市）和全国平均水平相比仍有差距，2013 年库区城镇化率（52.18%）分别比湖北省、重庆市和全国平均水平低 2.3 个百分点、6.1 个百分点和 1.5 个百分点。

### （二）移民生活条件有较大改善，要实现移民"全面稳得住、逐步能致富"的任务还很艰巨

#### 1. 移民收入实现较快增长，与库区及全国平均水平仍有差距

移民收入实现较快增长，绝对贫困人口比例有所下降。2007—2011 年，城镇移民收入从 3792 元增长至 7148 元，年均增长 17.2%，绝对贫困人口比例下

降约 9.1 个百分点；农村移民收入从 3608 元增加到 6395 元，年均增长 15.4%；城镇占地移民收入从 3582 元上升到 6255 元，年均增长 15.0%，绝对贫困人口比例下降幅度达 36.1 个百分点。但移民收入与库区及全国平均水平仍有差距。城镇移民和城镇占地移民收入均低于当地城镇居民平均水平，农村移民收入低于全国、湖北省和重庆市的平均水平。移民之间的收入差距较大，且呈扩大趋势。

### 2. 移民生活水平显著提高，与库区、所在省市及全国平均水平仍有差距

移民人均消费水平显著提高，2005—2013 年重庆库区城镇移民人均消费性支出从 4392 元增长至 12024 元，年均增长 13.4%；农村移民从 1837 元增长至 4582 元，年均增长 12.1%。移民住房条件明显改善，2005—2011 年重庆库区城镇移民人均住房面积从 22.7m² 增长至 31.4m²，年均增长 5.6%，农村移民从 39.8m² 增长至 44.4m²，年均增长 1.8%。但移民生活水平和质量与库区、所在省（直辖市）及全国平均水平相比仍有差距。从人均消费水平来看，2013 年库区城镇移民人均消费性支出仍低于库区、所在省市和全国城镇居民平均水平；从人均住房面积来看，2011 年重庆库区城镇移民人均住房面积仍低于重庆库区、重庆市和全国城镇居民平均水平。三峡工程移民实现了"全部搬得出、总体稳得住、逐步在发展"的阶段性目标，要实现库区移民"全面稳得住、逐步能致富"的任务还很艰巨。

### 3. 农村移民劳动力转移就业效果明显，城镇移民就业能力相对较弱

农村移民劳动力转移就业效果明显，促进了移民增收。2012 年，农村移民从事第二产业和第三产业的占比为 64.0%，较 2002 年增加了 26.4 个百分点，从事第二产业和第三产业劳动力人均从业净收入（13825 元）是第一产业劳动力的 4 倍。城镇移民就业能力相对较弱，就业率不高。2007—2011 年，城镇移民就业率呈现先降后升趋势。2011 年，城镇移民就业率约为 72.8%，较 2007 年增加 0.3 个百分点。城镇占地移民二、三产业劳动技能缺乏的基本现状未得到根本改变，就业转型十分艰难，就业率不高。

### 4. 移民社会保障水平有所提升，社会保障体系逐步完善

城镇移民社会保障水平有所提升，低保对象已实现应保尽保。2011 年，城镇移民参加医疗保险和养老保险的比例分别为 80.9% 和 20.9%，享受低保的比例约占 40.3%。农村移民社会保障水平显著提升，社会保障体系逐步完善。2012 年，农村移民参加医疗保险的比例已达到 96.4%，纳入低保的比例为 7.5%。城镇占地移民低保覆盖面进一步扩大，基本生活得到保障。2011 年，城镇占地移民参加医疗保险和养老保险的比例分别为 84% 和 25%，纳入

低保的比例为 39%。

# 主 要 参 考 文 献

［1］ 水利部长江水利委员会. 长江三峡水利枢纽可行性研究报告［R］，1989.

［2］ 水利部长江水利委员会. 长江三峡水利枢纽初步设计报告（枢纽工程）（第十一分册 经济分析与评价）［R］，1992.

［3］ 1994 年 9 月上报国务院的关于三峡枢纽工程资金需求测算和筹措方案的简要报告［R］，1994.

［4］ 审计署. 长江三峡工程竣工财务决算草案审计结果（审计公告）［R］，2013.

［5］ 2010 年与 2012 年三峡经济效益评价［R］. 水利部长江水利委员会工程处，2013.

［6］ 国家发展和改革委员会，建设部. 建设项目经济评价方法与参数［M］. 3 版. 北京：中国计划出版社，2006.

［7］ 中国工程院三峡工程阶段性评估项目组. 三峡工程阶段性评估报告 综合卷［M］. 北京：中国水利水电出版社，2010.

［8］ 中国工程院三峡工程试验性蓄水阶段评估项目组. 三峡工程试验性蓄水阶段评估报告［M］. 北京：中国水利水电出版社，2014.

［9］ 水利部长江水利委员会. 长江三峡水利枢纽初步设计报告（枢纽工程）：枢纽工程概算（审定稿）［R］，1994.

［10］ 水利部长江水利委员会. 长江三峡工程水库移民补偿投资测算报告［R］，1994.

［11］ 水利部长江水利委员会. 长江三峡工程水库淹没处理及移民安置规划报告［R］，1998.

［12］ 谭运嘉，李平，王宏伟. 基于区域投入产出模型的大型建设项目区域经济影响评价——以白鹤滩水电站建设项目为例［J］. 工程研究——跨学科视野中的工程，2013（1）：23-34.

［13］ 李平，王宏伟. 大型建设项目区域经济影响评价理论基础及其评价体系［J］. 中国社会科学院研究生院学报，2011（2）：34-41.

［14］ 陈锡康，杨翠红，等. 投入产出技术［M］. 北京：科学出版社，2011.

附件：

# 课 题 组 成 员 名 单

## 专 家 组

**组 长：**傅志寰 原铁道部部长，中国工程院院士

208

副组长：张超然　中国长江三峡集团有限公司原总工程师，中国工程院院士

　　　　李　平　中国社会科学院数量经济与技术经济研究所所长、研究员，博士生导师

成　员：王宏伟　中国社会科学院数量经济与技术经济研究所室主任、研究员，博士生导师

　　　　吕　峻　中国社会科学院数量经济与技术经济研究所副研究员，博士

工　作　组

组　长：李　平　（兼）中国社科院数量经济与技术经济研究所所长、研究员

副组长：王宏伟　中国社会科学院数量经济与技术经济研究所室主任、研究员

成　员：吕　峻　中国社会科学院数量经济与技术经济研究所副研究员

　　　　孙志禹　中国长江三峡集团有限公司科技环保部主任，教授级高级工程师

　　　　张艳芳　中国社会科学院工业经济研究所博士

　　　　朱承亮　中国社会科学院数量经济与技术经济研究所助理研究员，博士

　　　　徐长义　中国长江三峡集团有限公司计划发展部副主任，教授级高级工程师

　　　　李　军　中国长江三峡集团有限公司科技环保部处长，高级工程师

　　　　张　静　中国社会科学院研究生院博士研究生

　　　　马　茹　中国社会科学院研究生院博士研究生

　　　　张若晨　中国社会科学院研究生院硕士研究生

　　　　尚存良　中国长江三峡集团有限公司高级工程师

　　　　贺　俊　中国社会科学院工业经济研究所室主任，副研究员

　　　　江飞涛　中国社会科学院工业经济研究所室副主任，副研究员

　　　　李鹏飞　中国社会科学院工业经济研究所室副主任，副研究员

　　　　黄阳华　中国社会科学院工业经济研究所助理研究员

　　　　刘金鹏　华北电力大学助理研究员

　　　　田　野　中国进出口银行，博士

　　　　谭运嘉　中国社会科学院工业经济研究所博士后

　　　　王　波　中国工程院管理学部，工程师

　　　　王中子　中国工程院管理学部，工程师

# 后　记

中国工程院组织了 44 位院士和 300 多位专家历时近两年顺利完成了"三峡工程建设第三方独立评估"工作，这份综合评估报告是整个评估工作成果的结晶。我们在近两年时间的评估工作中深刻理解国务院委托给我们的重大历史责任，也充分体会三峡工程建设者们和广大人民群众的殷切关注。本着科学认真、实事求是的精神，我们在继承了前两次中国工程院评估——"三峡工程论证及可行性研究结论的阶段性评估"及"三峡工程试验性蓄水阶段评估"的工作基础上，兢兢业业、认认真真地通过查阅资料、现场考察、反复研讨等工作，逐项完成了各个课题的评估工作，并再次经过深入研究、综合分析，逐项推敲、字斟句酌地完成了这份第三方独立评估的综合报告。希望此次评估工作能够反映出三峡工程这项在世界工程历史上具有独特地位的、国人引以为傲的特大工程的整体面貌和光辉业绩，也能够客观总结出顺利完成这项巨大工程的宝贵经验和工程取得的丰硕效益。当然，任何一项巨大工程，尤其像这样经过十多年建设的工程，必然会存在或出现一些估计得到或估计不到的问题，以及一些局部的和不可避免的影响，从而会引起一部分人的疑虑。我们尽最大努力对各种问题作了适当的梳理和释疑，也把这些问题作为要进一步关注和改进的问题加以阐述，并提出了今后的工作建议。考虑到所有这些因素，我们仍坚定地作出这样的结论：三峡工程是我国在中国特色社会主义建设道路上成功建成的杰出工程，它规模巨大、效益显著、影响深远、利多弊少。这项工程为长江经济带的繁荣发展打下了良好的基础，也是中国人民在中国共产党领导下，为实现中华民族伟大复兴的中国梦而迈出的重要一步和树立的一个成功范例。我们通过参与这项评估工作而深受教育，也引以为荣。

2020 年 1 月 10 日，在 2019 年度国家科学技术奖励大会上，"长江三峡枢纽工程"荣获国家科学技术进步奖特等奖。三峡工程即将开展竣工验收工作，值此，我们委托中国水利水电出版社出版本书，并向三峡工程的建设者们致敬。

**评估项目专家组**

2015 年 12 月初稿

2020 年 3 月增补